精品课程教材

4G移动通信技术

主　编　黄华兴

副主编　王亮

参　编　黄卓瑜　吴泽萍　毛炳妹

华南理工大学出版社

SOUTH CHINA UNIVERSITY OF TECHNOLOGY PRESS

·广州·

图书在版编目（CIP）数据

4G 移动通信技术 / 黄华兴主编. — 广州：华南理工大学出版社，2019.3
ISBN 978 - 7 - 5623 - 5909 - 8

Ⅰ．①4… Ⅱ．①黄… Ⅲ．①第四代移动通信系统-高等职业教育-教材
Ⅳ．①TN929.537

中国版本图书馆 CIP 数据核字（2019）第 025104 号

4G 移动通信技术

黄华兴 主编

出 版 人：卢家明
出版发行：华南理工大学出版社
　　　　　（广州五山华南理工大学 17 号楼　邮编：510640）
　　　　　http://www.scutpress.com.cn　E-mail: scutc13@scut.edu.cn
　　　　　营销部电话：020 - 87113487　87111048（传真）
责任编辑：黄冰莹
印 刷 者：虎彩印艺股份有限公司
开　　本：787mm×1092mm　1/16　印张：14　字数：304 千
版　　次：2019 年 3 月第 1 版　2019 年 3 月第 1 次印刷
定　　价：46.00 元

前　言

随着移动通信技术的快速发展，互联网用户激增，移动数据业务呈现高速增长的态势。LTE 作为新一代移动通信技术，将极大地提高数据通信的速率和容量，为用户提供更佳的移动数据体验。伴随通信行业的迅猛发展，急需引入大量专业基础扎实、动手能力强的专业人才。

我们在校本教材的基础上，根据职业教育的特点和目标，结合中职通信技术专业的岗位需求，以培养学生职业能力为主要目的，编写了这本《4G 移动通信技术》教材。

全书共分 5 个项目，包含 16 个学习任务，以具体的工作任务为载体，项目之间相对独立，多项任务层层分解，采用由浅入深、依次递进的结构形式，结合 LTE 基站系统真实的商用设备展开叙述。项目内容的编排和组织是以企业需求、学生的认识规律为依据进行确定的，先由认识移动通信技术开始，再到硬件设备、数据配置，再运用理论解决问题，贯穿设备的安装施工、数据配置、维护优化等过程，打破了传统的学科教材编写思路。每个任务都包含理论知识、实践知识，做到"理论够用，突出实践能力"。

全书内容为：项目一 LTE 的认识与发展，主要包括 LTE 的概况、标准化演进、下一代移动通信 5G 介绍；项目二 eNodeB 安装与硬件维护，主要包括 eBBU、eRRU 安装与硬件维护，基站设备检查与验收；项目三 LTE 网络天馈系统的安装与维护，主要包括 LTE 网络天馈系统的介绍、安装与维护；项目四 TD－LTE 网络规划与数据配置，主要包括物理配置、传输网络配置、无线参数配置、业务验证及故障排除；项目五 FDD－LTE 原理分析与数据配置，主要包括 LTE 关键技术和 FDD－LTE 综合配置。

本书由广州市信息工程职业学校的黄华兴担任主编，王亮担任副主编，对本书编写思路与大纲进行总体策划；项目一由吴泽萍编写；项目二和项

1

目四由黄华兴编写；项目三由黄卓瑜编写；项目五由王亮和中兴通讯企业讲师毛炳妹编写；全书由黄华兴统稿。本书在编写和统稿过程中，得到了中兴通讯教育合作中心、中通服建设有限公司无线一体化项目组蔡茂珊工程师和黎迪鸿工程师的大力支持。另外，编者还参考了大量的资料，因篇幅有限，不能一一列举，谨在此一并对资料作者表示衷心感谢！

由于编者水平有限，加上时间仓促，书中错误和不当之处在所难免，敬请读者批评指正。

编者

2019 年 3 月

目　录

项目一　LTE 的认识与发展

【项目场景】

开学了，开始了 4G 移动通信技术的学习，学生对 LTE（Long Term Evolution，长期演进）的发展有比较大的兴趣，通过查阅大量的学习资料，对 LTE 的发展有了一定的认识。

【项目安排】

任务名称	学习任务 1　认识 LTE	建议课时	6
教学方法	讲解、讨论、自主探索	教学地点	实训室
任务内容	1. 认识 LTE 2. LTE 设计目标与业务能力 3. TD-LTE 和 FDD-LTE 比较		

任务名称	学习任务 2　LTE 标准化演进	建议课时	4
教学方法	讲解、讨论、自主探索	教学地点	实训室
任务内容	1. 认识 LTE R8 版本 2. 认识 LTE R9 版本 3. 认识 LTE R10 版本 4. 认识 LTE R11 版本 5. 认识 LTE R12 版本		

任务名称	学习任务 3　认识下一代移动通信 5G	建议课时	6
教学方法	讲解、讨论、自主探索	教学地点	实训室
任务内容	1. 认识 5G 2. 5G 标准化工作 3. 5G 架构部署 4. 认识 5G 关键技术		

学习任务 1 认识 LTE

【学习目标】

1. 能清楚描述 LTE 的概念
2. 能叙述移动通信技术演进过程
3. 能区分 TD-LTE 和 FDD-LTE 的异同
4. 阅读能力、表达能力以及职业素养有一定的提高

【知识准备】

一、认识 LTE

移动通信从 2G、3G 到 4G 的发展过程，是从低速语音到调速多媒体业务发展的过程。GSM 网络是最早出现的数字移动通信技术，它基于 FDD 和 TDMA 技术来实现，由于 TDMA 的局限性，GSM 网络发展受到容量和服务质量方面的严峻挑战，从业务支持种类来看，虽然采用 GPRS/EDGE 引入了数据业务，但由于采用的是 GSM 原有的空中接口，其带宽受到限制，无法满足数据业务多样性和实时性的需求。在技术标准发展方面，针对 GPRS 提出了 EDGE 以及 EDGE + 的演进方向，但是 CDMA 接入方式的 3G 标准的出现使得 EDGE 淡出人们的视线。

CDMA 采用码分复用方式，虽然 2G 时代的 CDMA 标准成熟较晚，但是它具有抗干扰能力强、频谱效率高等技术优势，所以 3G 标准中的 WCDMA、TD-SCDMA 和 CDMA2000 都普遍采用了 CDMA 技术。

演进到 3G 网络时，GSM 系统可以采用 WCMDA 或者 TD-SCDMA 的路线，而 CDMA 则使用 CDMA2000 的途径。WCDMA 和 TD-SCDMA 早期标准为 R99，后来在 R4 版本中引入 IMS，R5 版本中引入 HSDPA，R6 版本中引入 HSUPA，R7 版本中引入 HSPA + ，R8 版本则面向 LTE。

LTE 是由 3GPP（The 3rd Generation Partnership Project，第三代移动通信合作伙伴项目）组织制定的 UMTS（Universal Mobile Telecommunications System，通用移动通信系统）技术标准的长期演进，于 2008 年 12 月发布第一个版本（Release 8）。为满足调整数据业务的需求，LTE 系统采用了 OFDM（Orthogonal Frequency Division Multiplexing，正交频分复用）和 MIMO（Multiple-Input Multiple-Output，多入多出）等关键技术，在网络架构和多址接入方面较 3G 网络有了革命性的变化，因此被业界通俗地称为 4G。

移动通信技术发展和演进过程如图 1 – 1 所示。

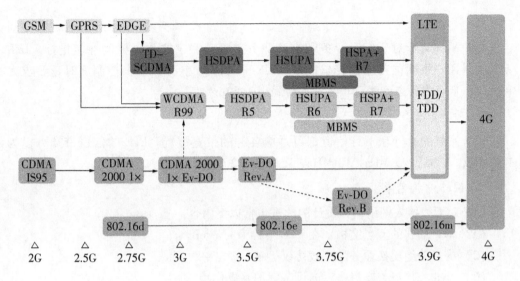

图 1 - 1　移动通信技术发展和演进过程图

二、LTE 设计目标与业务能力

LTE 系统的设计目标是以 OFDM 和 MIMO（Multiple-Input Multiple-Output）为主要技术基础，开发出一套满足更低传输时延、提供更高用户传输速率、增加系统容量、增强网络覆盖、减少运营费用、优化网络架构、采用更大载波带宽，并以优化分组数据域业务传输为目标的新一代移动通信系统，其关键性能需求有以下几点。

1. 峰值速率和峰值频谱效率

LTE 系统在 20 MHz 带宽内的上/下行数据峰值速率分别为 50 Mbit/s 和 100 Mbit/s，对应峰值频谱效率分别为 2.5 bit/s/Hz 和 5 bit/s/Hz。（这里的基本假设是终端具有两根接收天线和一根发射天线）

2. 小区性能

小区性能是一个重要指标，因为它直接关系到运营商所需要部署的小区数量及部署整个系统的成本。

LTE 需求规定的小区上/下行平均峰值频谱效率分别大于 0.66 ~ 1.0 bit/s/Hz/cell 和大于 1.6 ~ 2.1 bit/s/Hz/cell，小区边缘上/下行峰值频谱效率大于 0.02 ~ 0.03 bit/s/Hz/user 和大于 0.04 ~ 0.06 bit/s/Hz/user。

3. 移动性

从移动性的角度考虑，LTE 系统需要在终端移动速度达到 350 km/h 的情况下支持通信，或根据使用的频段在更高带（如 500 km/h）时仍能支持通信。0 ~ 15 km/h 为最优性能，15 ~ 120 km/h 为较高性能，120 ~ 350 km/h 支持实时业务。

4. 时延

用户平面时延对于实时业务和交互业务来说是一个非常重要的性能指标，LTE 系统要求用户平面内部单向传输时延（UE-eNodeB）小于 5 ms。控制面时延要求为 100 ms；从睡眠状态到激活状态迁移时间小于 50 ms。

5. 带宽配置

LTE 系统的上行和下行信道都可适应各种的带宽配置。LTE 的信道带宽可以为 1.4 MHz、3 MHz、5 MHz、10 MHz、15 MHz、20 MHz。

6. 网络结构需求

LTE 对无线接入网络结构设计的改进包括以下内容：

（1）单一形式的节点结构，在 LTE 中称为 eNodeB。

（2）支持分组交换业务的高效协议。

（3）开放式接口，支持多厂商设备间的互操作性。

（4）具有自配置、自维护、自优化功能等操作和维护功能。

（5）支持简易部署和配置，例如家庭基站（Home NodeB，HNB）

三、TD-LTE 和 FDD-LTE 比较

根据双工方式的不同，LTE 系统定义了频分双工（FDD）和时分双工（TDD）两种双工方式。

FDD 是指在对称的频率信道上接收和发送数据，通过保护频段分离发送和接收信道的方式。像双车道运行，在上传与下载可同时进行，如图 1-2 所示。FDD 在支持对称业务时，能充分利用上下行的频谱，但在支持非对称业务时，频谱利用率将有所降低。

图 1-2　FDD-LTE 双工方式

TDD 是指通过时间分离发送和接收信道，发送和接收使用同一载波频率的不同时隙的方式，时间资源在两个方向上进行分配，因此基站和移动台必须协同一致工作。像单车道汽车运行，通过"信号灯"控制通道为上传或下载，如图 1-3 所示。

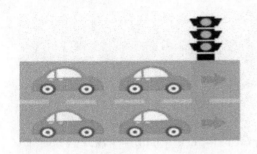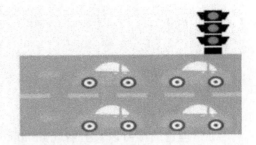

图 1 – 3　TD-LTE 双工方式

TDD 方式与 FDD 方式相比有一些独特的技术特点：

（1）能够灵活配置频率，使用 FDD 系统不易使用的零散频段；

（2）可以通过调整上下行时隙转换点，提高下行时隙比例，能够很好地支持非对称业务；

（3）具有上下行信道一致性，基站的接收和发送可以共用部分射频单元，降低了设备成本；

（4）接收上下行数据时，不需要收发隔离器，只需要一个开关即可，降低了设备的复杂度；

（5）具有上下行信道互惠性，能够更好地采用传输预处理技术，如预 RAKE 技术、联合传输（JT）技术、智能天线技术等，能有效地降低移动终端处理的复杂性。

TDD 双工方式相较于 FDD，也存在明显的不足：

（1）由于 TDD 方式的时间资源分别给了上行和下行，因此 TDD 方式的发射时间大约只有 FDD 的一半，如果 TDD 要发送与 FDD 同样多的数据，就要增大 TDD 的发送功率；

（2）TDD 系统上行受限，因此 TDD 基站的覆盖范围明显小于 FDD 基站；

（3）TDD 系统收发信道同频，无法进行干扰隔离，系统内和系统间存在干扰；

（4）为了避免与其他无线系统之间的干扰，TDD 需要预留较大的保护带，这影响了整体频谱利用效率；

（5）TDD 对高速运动物体的支持性不够。

TD-LTE 与 FDD-LTE 整合发展是全球移动宽带技术发展的统一方向，也是推动国际主流运营商支持 TDD 技术的关键。目前，TD-LTE/FDD-LTE 已实现了标准、产品、产业、网络的全方位整合。

【任务实施】

一、对移动通信发展的认知

1. 任务分析

通过理论的学习以及上网（如 http://www.c114.net/、http://www.cww.net.cn/ 等）查阅资料，了解移动通信的发展过程及演进。

2. 任务训练

移动通信技术通常以代来划分，其中1G 指20 世纪80 年代的模拟移动无线电系统，2G 是指首批数字通信系统，3G 指首批处理宽带数据的移动系统，4G 或 LTE 为移动宽带系统提供更好的支持，5G 将进一步提升移动互联网用户体验，并重点解决机器无线通信的物联网需求。

根据查阅的资料，完成速率、多址方式、双工方式等的比较，并写一份关于移动通信技术各代特点、关键技术等的报告。

3. 任务记录

（1）移动通信技术发展各阶段对比。

通信标准	2G		3G		4G	
蜂窝制式						
下行速率						
上行速率						
多址方式						
双工方式						
载频带宽						
速率						

（2）LTE 是_____的缩写，中文名称为_____。

（3）LTE 的设计目标和业务能力。

峰值速率	上行峰值速率：_____ 下行峰值速率：_____
小区性能	
移动性	在终端移动速度达到_____的情况下仍支持通信
时延	用户面时延_____ 控制面时延_____
带宽配置	带宽为_____

4. 任务评价

评价项目	评价内容	分值	得分
实训态度	1. 积极参加技能实训操作	10	
	2. 按照安全操作流程进行操作	10	
	3. 遵守纪律	10	
实训过程	1. 能清楚描述 LTE 的概念	10	
	2. 能叙述移动通信技术演进过程	10	
	3. 能区分 TD-LTE 和 FDD-LTE 的异同	10	
实训报告	报告分析、实训记录	40	
合计		100	

5. 思考练习

（1）关于 LTE 需求，下列说法中正确的是（　　　）。

A. 下行峰值数据速率为 100 Mbit/s（20 MHz，2 天线接收）

B. 用户面时延为 5 ms

C. 不支持离散的频谱分配

D. 不支持不同大小的频段分配

（2）LTE 支持灵活的系统带宽配置，（　　）带宽是 LTE 协议不支持的。

A. 5 M　　　　　　B. 10 M　　　　　　C. 20 M　　　　　　D. 40 M

（3）LTE 为了解决深度覆盖的问题，以下（　　　）措施是不可取的。

A. 增加 LTE 系统带宽

B. 降低 LTE 工作频点，采用低频段组网

C. 采用分层组网

D. 采用家庭基站等新型设备

（4）以下说法正确的有（　　）。

A．LTE 支持多种时隙配置，但目前只能采用 2∶2 和 3∶1

B．LTE 适合高速数据业务，不能支持 VOIP 业务

C．LTE 在 2.6 GHz 的路损与在 TD-SCDMA 2 GHz 的路损相比要低，因此 LTE 更适合高频段组网

D．TD-LTE 和 TD-SCDMA 共存不一定是共站址

学习任务 2　LTE 标准化演进

【学习目标】

1. 能叙述 LTE 标准的演进过程
2. 能区分各个版本的不同
3. 阅读能力、表达能力以及职业素养有一定的提高

【知识准备】

TD-LTE 是 TDD 版本的技术，FDD-LTE 是 FDD 版本的技术。TDD 和 FDD 的差异就是，TDD 是采用不对称频率进行双工的，而 FDD 是采用对称频率来进行双工的。TD-LTE 是 TD-SCDMA 的后续演进技术，是一种专门为移动高速宽带应用而设计的无线通信标准，沿用了 TD-SCDMA 的帧结构。

TD-SCDMA 向 LTE 的演进路线为：首先是在 TD-SCDMA 的基础上采用单载波的 HSDPA 技术，速率达到 2.8 Mbps，而后采用多载波的 HSDPA，速率达到了 7.2 Mbps；接着到 HSPA + 阶段，速率超过 10 Mbps，并继续逐步提高它的上行接入能力，最后从 HSPA + 演进到 TD-LTE。TD-LTE 的技术优势体现在速率、时延和频谱利用率等多个领域，使运营商能够在有限的频谱带宽资源上具备更强大的业务提供能力。另外，在 TD-LTE 的标准化过程中，还要考虑和 TD-SCDMA 的共存性要求。

一、认识 LTE R8 版本

3GPP 于 2008 年 12 月发布第一版（Release 8，简称 R8），R8 版本为 LTE 标准的基础版本。目前，R8 版本已非常稳定。R8 版本重点针对 LTE/SAE 网络的系统架构、无线传输关键技术、接口协议与功能、基本消息流程、系统安全等方面均进行了细致的研究和标准化。

在无线接入网方面，将系统的峰值数据提高至下行 100 Mbps、上行 50 Mbps；核心网方面引入了纯分组域核心网系统架构，并支持多种非 3GPP 接入网技术接入统一的核心网。

从 2004 年年底 LTE 概念的提出，到 2008 年年底 R8 版本的发布，LTE 的商用标准文本制定及发布整整经历了 4 年时间，对于 TDD 方式而言，在 R8 版本中，明确采用 Type 2 类型作为唯一的 TDD 物理层帧结构，并且规定了相关的具体参数，即 TDD-LTE 方案，这为今后其后续技术的发展打下了坚实的基础。

二、认识 LTE R9 版本

2010 年 3 月第二版（Release 9，简称 R9）LTE 标准发布，R9 版本为 LTE 的增强版本。R9 版本与 R8 版本相比，针对 SAE 紧急呼叫、增强型 MBMS（E-MBMS）、基于控制面的定位业务及 LTE 与 WiMAX 系统间的单射频切换优化等课题进行了标准化。

另外，R9 版本还开展一些新课题的研究与标准化工作，包括公共告警系统、业务管理与迁移、个性回铃 CRS、多 PDN 接入及 IP 流的移动性、Home（e）NodeB 安全性及 LTE 技术的进一步演进与增强等。

三、认识 LTE R10 版本

2008 年 3 月，在 LTE 标准化接近完成之时，一个在 LTE 基础上继续演进的项目——先进的 LTE（LTE-Advanced）项目在 3GPP 拉开了序幕。LTE-A 是在 LTE R8/R9 版本的基础上进一步演进和增强的标准，它的一个主要目标是满足 ITU-R 关于 IMT-A（4G）标准的需求。

LTE 相对于 3G 技术，名为"演进"，实为"革命"，但是 LTE-Advanced 显然不会成为一次的"革命"，而是在 LTE 基础上演进。LTE-Advanced 系统应自然地支持原 LTE 的全部功能，并支持与 LTE 的前后向兼容性，在 LTE R8 的终端可以介入未来的 LTE-Advanced 系统，LTE-Advanced 系统也可以接入 LTE R8 系统。

LTE R10（Release 10，简称 R10）属于 LTE-Advanced 标准，于 2011 年 3 月冻结。在 LTE 基础上，LTE-Advanced 的技术发展更多地集中在 RRM 技术和网络层的优化方面，主要使用了如下一些新技术：

①载波聚合：其核心思想是把连续频谱或若干离散频谱划分为多个成员载波（Component Carrier，CC），允许终端在多个子频带上同时进行数据收发。通过载波聚合，LTE-A 系统可以支持最大 100 MHz 带宽，系统/终端最大峰值可达 1 Gbps 以上。

②增强上下行 MIMO：LTE R8/R9 下行支持最多 4 数据流的单用户 MIMO，上行只支持多用户 MIMO。LTE-Advanced 为提高吞吐量和峰值速率，在下行支持最高 8 数据流单用户 MIMO，上行支持最高 4 数据流单用户 MIMO。

③中继（Relay）技术：基站不直接将信号发送至 UE，而是先发给一个中继站（Relay Station，RS），然后再由 RS 将信号转发给 UE。无线中继技术很好地解决了传统直放站的干扰问题，不但可以为蜂窝网络带来容量提升、覆盖扩展等性能增强，更可以提供灵活、快速的部署，弥补回传链路缺失的问题。

④协作多点传输技术（Coordinative Multiple Point，CoMP）：LTE-A 中为了实现干扰规避和干扰利用的一项重要技术。此技术包括两类：小区间干扰协调技术，也称为干扰避免；协作式 MIMO 技术，也称为干扰利用。两种方式通过不同的技术降低小区间干扰，提高小区边缘用户的服务质量和系统的吞吐量。

⑤针对室内和热点场景进行优化：未来移动网络中除了传统的宏蜂窝、微蜂窝，还有微微蜂窝以及家庭基站，这些新节点的引入使网络拓扑结构更加复杂，形成了多种类型节点共同竞争相同无线资源的全新干扰环境。LTE-A 的重点工作之一应该放在对室内场景进行优化方面。

四、认识 LTE R11 版本

LTE R11（Release 11，简称 R11）增强型 LTE-A，标准工作于 2012 年 9 月冻结。相比 R10 版本，R11 版本新增如下内容：

增强型载波聚合：多时间提前量（TAS）用于上行链路载波聚合、非连续的带内载波聚合、为支持 TDD-LTE 载波聚合，物理层的变化。

协作多点传输（CoMP）：是指地理位置上分离的多个传输点，协同参与一个终端的数据（PDSCH）传输或者联合接收一个终端发送的数据（PUSCH）。

ePDCCH：为了提升控制信道容量，LTE R11 引入了 ePDCCH。ePDCCH 使用 PDSCH 资源传送控制信息，而不像 R8 的 PDCCH，只能使用子帧的控制区。

基于网络的定位：这是一种上行定位技术，其原理是基于 eNB 测量的参考信号的时间差来实现。

最小化路测（MDT）：路测费用是昂贵的，为了减少对路测的依赖，R11 推出了新的解决方案，它独立于 SON，基本上依赖于 UE 提供的信息。

机对机通信的 Ran 过载控制：当过多设备接入网络时，网络可以禁止一些设备向网络发送连接请求。

智能手机电池节能技术：UE 可以通知网络是否需要进入省电模式或普通模式，根据 UE 的请求，网络可以修改 DRX 参数。

五、认识 LTE R12 版本

LTE R12（Release 12，简称 R12）为更强的增强型 LTE-A，标准工作于 2014 年 6 月冻结。相比 R11 版本，R12 版本新增了如下内容：

增强型 small cell：主要内容包括密集区域部署 small cell、宏小区和 small cell 之间的载波聚合等。

增强型载波聚合：R12 允许 TDD 和 FDD 之间载波聚合，还允许 3 载波聚合。

机器对机器通信（MTC）：机器对机器通信爆发性增长，会引起网络信令、容量不足的问题，为了应付这种情况，新的 UE category 被定义，作为对 MTC 的进一步优化。

WiFi 和 LTE 融合：LTE 和 WiFi 之间融合，运营商可以更好地管理 WiFi。在 LTE R12 中，提出了 LTE 和 WiFi 之间的流量转移和网络选择机制。

LTE 未授权频谱（LTE-U）：丰富的未授权频谱资源，可以增加运营商网络容量和性能。

【任务实施】

一、LTE 标准演进的认知

1. 任务分析

通过对"知识准备"的学习，借助网上资料及查阅相关书籍，对标准化的制定进行更深入的了解。对 LTE 目前的版本进行比较分析，归纳各个版本的主要内容。

2. 任务训练

R8 版本为 LTE 标准的基础版本，总结 LTE 各版本的不同点，并试着认识 5G 的版本；归纳 LTE 标准化组织，并进行简单介绍。

3. 任务记录

学习 LTE 演进的知识，完成下表。

LTE 版本	主要内容
R8	
R9	
R10	
R11	
R12	

4. 任务评价

评价项目	评价内容	分值	得分
实训态度	1. 积极参加技能实训操作	10	
	2. 按照安全操作流程进行操作	10	
	3. 遵守纪律	10	
实训过程	1. 能叙述 LTE 标准的演进过程	10	
	2. 能区分各个版本	10	
实训报告	报告分析、实训记录	50	
合计		100	

5. 思考练习

（1）LTE 标准的基础版本为（　　）。

A. R8　　　　　　B. R9　　　　　　C. R10　　　　　　D. R11

（2）R8 版本主要针对（　　）进行研究和标准化。

A．系统架构　　　　　　　　　　B．无线传输关键技术

C．接口协议与功能　　　　　　　D．LTE 家庭基站

（3）被命名为 LTE-Advanced 的是（　　）版本。

A．R8　　　　　　B．R9　　　　　　C．R10　　　　　　D．R11

（4）以下不是 R11 版本主要内容的是（　　）。

A．增强的载波聚合　　　　　　　B．增强的异构部署

C．CoMP　　　　　　　　　　　　D．中继

学习任务 3　认识下一代移动通信 5G

【学习目标】

　　1. 能叙述 5G 的概念、标准化情况
　　2. 能描述 5G 的架构模式和五大关键技术的特点
　　3. 能通过阅读获取知识，能对知识进行表述，积累通信行业相关知识并养成良好的专业素养

【知识准备】

　　你可曾想过，坐在家里可以借助虚拟技术听一场顶级音乐演奏，如同亲临现场；出门可以享受车辆自动控制技术辅助驾驶，避免安全事故的发生；在高速列车上可以随时进行远程接入办公云，开个虚拟现实会议。某一天，无论我们身处何方，我们都可以与任何人、任何物连接在一起，通过无线通信技术实现万物互联。

　　这些美好的愿景将不再遥远，在不久的将来，下一代移动通信技术——5G 将帮助我们实现这些梦想。1G 实现了移动通话，2G 实现了短信、数字语音和手机上网，3G 带来了基于图片的移动互联网，4G 推动了移动视频的发展，而 5G 将帮助我们实现万物互联。

　　在 5G 时代，连接人与物将成为标准配置；关键和海量的机器连接；新的频段和监管制度；移动和安全成为网络功能；通过互联网的内容分发集成；网络边缘处理和存储；软件定义网络和网络功能虚拟化。

一、认识 5G

　　5G 即第五代移动通信技术，英文全称为 the 5th Generation mobile communication technology。

　　2012 年年底欧洲开始了对 5G 相关技术的研究。之后不久，中国宣布了开展自己的 5G 研发计划，于 2013 年 2 月成立 IMT-2020（5G）推进组，促进 5G 研发工作。2015 年 6 月 24 日，国际电信联盟（ITU）公布，5G 技术的正式名称为 IMT-2020。IMT-2020 是第五代移动电话行动通信标准，传输速度是 4G 网络的 40 倍，而且具有低延时等特性。ITU 同时公布相关标准在 2020 年制定完成。

　　5G 是新一代移动技术的演进和革命，达到无线生态系统各个成员迄今发布的多项高级别目标。5G 系统设计的主要目标是满足不同的移动业务需求，并将来自不同工业经济领域的需求映射到信息系统之中。通过 5G 无线连接，进一步挖掘数据和进行数据提取，在社会各个领域实现高度智能化。由连接设备获得的数据，将会降低业

务交付成本，提高人类生产率和生产活动能力，以前所未有的方式改善人们的生活。

5G 系统与 4G、3G、2G 系统均有所不同。5G 是对现有无线接入技术（包括 2G、3G、4G 和 WiFi）的技术演进与新增补充性无线接入技术集成后的解决方案的总称。或者说，5G 是一个真正意义上的融合网络。这个融合将实现提供人与人、人与物，以及物与物之间高速、安全、自由的连接。特别为机器类和人机无线通信在众多经济领域及行业的应用不断增多提供了保障。

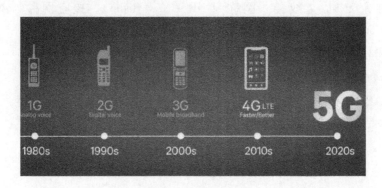

图 1 - 4　1G 至 5G 演进进程

二、5G 标准化工作

目前 5G 在 ITU、3GPP 和 IEEE 的标准化的研究取得了较好的进展。

2012 年 ITU 无线通信部分（ITU-R）启动了"面向 2020 和未来 IMT"的项目，提出 5G 移动通信空中接口的要求，确定在 2020 年完成"IMT-2020 技术规范"。研究提供了 IMT 在高于 6 GHz 频段部署的可行性，计划将新增的 400 MHz 频谱分配给 IMT使用。

3GPP 确认 5G 的标准化时间为 2020 年。2016 年 3 月开始相应的 5G 新的无线接入标准。3GPP 在 LTE 和 GSM 引入了海量机器类通信的有关需求，即增强覆盖、低功耗和低成本终端。在 LTE 系统中，机器类通信被称作 LTE-M 和 NB-IoT，在 GSM 系统中被称为增强覆盖的 GSM 物联网（EC-GSM-IoT）。

在国际电气和电子工程师协会（IEEE）中，主要负责局域网和城域网的是IEEE802 标准委员会。预计 2019 年之后的几年将采用 6 GHz（如 IEEE802.11ax）和毫米波段（IEEE802.11ay）频段的系统。而 IEEE802.11p 是针对车辆应用的技术，预计之后会在车联网 V2V 通信领域广泛应用。IEEE802.11ah 支持在 1 GHz 以下频段部署覆盖增强的 WiFi。预计 5G 系统会联合使用 IEEE 制定的空中接口。这些接口和 5G之间的接口的设计需要包括身份管理、移动性、安全性和业务等内容。

三、5G 架构部署

蜂窝通信系统主要由两部分组成：无线接入网（Radio Access Network，RAN）和核心网（Core Network）。无线接入网主要由基站组成，为用户提供无线接入功能。核心网则主要为用户提供互联网接入服务和相应的管理功能等。在 4G LTE 系统中，基站称为 eNB（Evolved Node B），核心网称为 EPC（Evolved Packet Core）。在 5G 系统中，基站称为 gNB，无线接入网称为 NR（New Radio），核心网称为 NGC（Next Generation Core）。

5G 网络以 LTE 网络为基础，共有以下 7 种部署方式。

1. 部署方式一：保留 LTE

此为 LTE 目前的部署方式，由 LTE 的核心网和基站组成，如图 1-5 所示。5G 的部署便是以此为基础的。

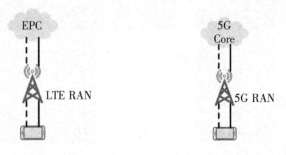

图 1-5　保留 LTE 网络部署方式　　图 1-6　纯 5G 网络部署方式

2. 部署方式二：纯 5G 网络

5G 网络部署的最终目标之一，完全由 gNB 和 NGC 组成，如图 1-6 所示。要想在 LTE 系统的基础上演进到纯 5G 网络，需要完全替代 LTE 系统的基站和核心网，同时还得保证覆盖和移动性管理等。部署耗资巨大，很难一步完成。

3. 部署方式三：EPC + eNB（主）、gNB

先演进无线接入网，而保持 LTE 系统核心网不动，即 eNB 和 gNB 都连接至 EPC，如图 1-7 所示。先演进无线网络可以有效降低初期的部署成本。该方式有 3 种模式：

a. 所有的控制面信令都经由 eNB 转发，eNB 将数据分流给 gNB。

b. 所有的控制面信令都经由 eNB 转发，EPC 将数据分流至 gNB。

c. 所有的控制面信令都经由 eNB 转发，gNB 可将数据分流至 eNB。

此场景以 eNB 为主基站，所有的控制面信令都经由 eNB 转发。LTE eNB 与 NR gNB 采用双链接的形式为用户提供高数据速率服务。此方案可以部署在热点区域，增加系统的容量的吞吐率。

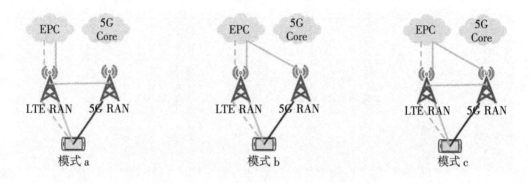

图 1-7　EPC + eNB（主），gNB 部署方式

4. 部署方式四：NGC + eNB、gNB（主）

此种部署方式引入了 NGC 和 gNB，但是 gNB 没有直接替代 eNB，而是采取兼容并举的方式部署，如图 1-8 所示。在此场景中，核心网采用 5G 的 NGC，eNB 和 gNB 都连接至 NGC。该种部署方式包含两种模式：

a. 所有的控制面信令都经由 gNB 转发，gNB 将数据分流给 eNB。

b. 所有的控制面信令都经由 gNB 转发，NGC 将数据分流至 eNB。

这种部署方式以 gNB 为主基站。LTE eNB 与 NR gNB 采用双链接的形式为用户提供高数据速率服务。LTE 网络可以保证广覆盖，而 5G 系统能部署在热点区域提高系统容量和吞吐率。

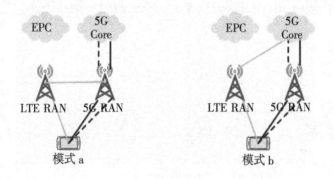

图 1-8　NGC + eNB，gNB（主）部署方式

5. 部署方式五：NGC + eNB

此部署方式即"混搭模式"，LTE 系统的 eNB 连接至 5G 的核心网 NGC，如图 1-9 所示。可以理解为首先部署了 5G 的核心网 NGC，并在 NGC 中实现了 LTE EPC 的功能，之后再逐步部署 5G 无线接入网。

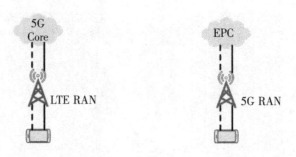

图 1-9　NGC + eNB 部署方式　　图 1-10　EPC + gNB 部署方式

6.　部署方式六：EPC + gNB

这是另一种"混搭"模式，5G gNB 连接至 4G LTE EPC，如图 1-10 所示。可以理解为先部署了 5G 的无线接入网，但暂时采用了 4G LTE EPC。此场景会限制 5G 系统的部分功能，如网络切片等。

7.　部署方式七：NGC + eNB（主），gNB

此方式同时部署了 5G RAN 和 NGC，但以 LTE eNB 为主基站，如图 1-11 所示。所有的控制面信令都经由 eNB 转发，LTE eNB 与 NR gNB 采用双链接的形式为用户提供高数据速率服务。此场景包含 3 种模式：

a. 所有的控制面信令都经由 eNB 转发，eNB 将数据分流给 gNB。

b. 所有的控制面信令都经由 eNB 转发，NGC 将数据分流至 gNB。

c. 所有的控制面信令都经由 eNB 转发，gNB 可将数据分流至 eNB。

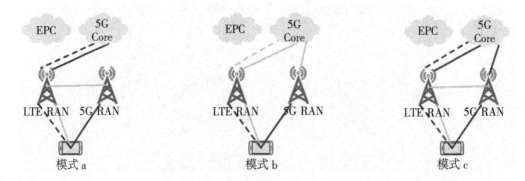

图 1-11　NGC + eNB（主），gNB 部署方式

目前运营商的 LTE 网络部署较为广泛，要想从 LTE 系统升级至 5G 系统并同时保证良好的覆盖和移动性切换等非常困难。为了加快 5G 网络的部署，同时控制降低 5G 网络初期的部署成本，各个运营商需要根据自身网络的特点，制定相应的演进计划。

各个运营商的演进计划各有不同，但其基本思路都是一致的，即以 LTE/EPC 为基础，逐步引入 5G RAN 和 5G NGC。部署初期以双链接为主，LTE 用于保证覆盖和切换，热点地区架构 5G 基站，提高系统的容量和吞吐率。最后再逐步演进，进入全面 5G 时代。

四、认知 5G 关键技术

5G 最大的优势在于它比 4G 拥有更快的速度（峰值速率可达几十 Gbps），例如，用 4G 下载一部电影大概要 10 分钟，而用 5G 一秒钟就可以下载完一部高清电影。而且 5G 未来将在无人驾驶汽车、VR 以及物联网等领域发挥重要的作用。

5G 具备高性能、低延迟与高容量的特性，而这些特性主要依赖于毫米波、小基站、Massive MIMO、波束成形和全双工等关键技术。

1. 毫米波

随着连接到无线网络设备的数量的增加，频谱资源稀缺的问题日渐突出。我们还只能在极其狭窄的频谱上共享有限的带宽，这极大地影响了用户的体验。

无线传输增加传输速率一般有两种方法，一是增加频谱利用率，二是增加频谱带宽。5G 使用毫米波（26.5 ~ 300 GHz）就是通过第二种方法来提升速率，以 28 GHz 频段为例，其可用频谱带宽达到了 1 GHz，而 60 GHz 频段每个信道的可用信号带宽则为 2 GHz。

以前毫米波只在卫星和雷达系统上被应用，现在已经有运营商开始使用毫米波在基站之间做测试。但毫米波最大的缺点是穿透力差、衰减大，因此要让毫米波频段下的 5G 通信在高楼林立的环境下传输并不容易，而 5G 将利用小基站解决这一问题。

2. 小基站

毫米波的穿透力差、衰减大，但因为毫米波的频率很高，波长很短，有必要将天线尺寸做很小，这是部署小基站的基础。

因此，5G 移动通信将不再依赖大型基站的架构，大量的小型基站将成为新的趋势，这将有助于覆盖大基站无法触及的末梢通信。

3. Massive MIMO

目前的 4G 基站只有十几根天线，但 5G 基站可以支持上百根天线，这些天线可以通过 Massive MIMO 技术形成大规模天线阵列，这就意味着基站可以同时从更多用户发送和接收信号，从而将移动网络的容量提升数十倍或更大。

MIMO 的意思是多输入多输出，这一技术已经在一些 4G 基站上应用。而 Massive MIMO 仅在实验室和几个现场试验中进行了测试。Massive MIMO 即大规模进行 MIMO，Massive MIMO 导入了空间域的途径，其方式是在基地台采用大量的天线并进行同步处理。该技术可同时在频谱效益与能源效率方面取得几十倍的增益。

Massive MIMO 是 5G 能否实现商用的关键技术，但是多天线也势必会带来更多的干扰，而波束成形就是解决这一问题的关键。

4. 波束成形

Massive MIMO 面临的挑战是减少干扰。因为 Massive MIMO 技术每个天线阵列集成了更多的天线，如果能有效地控制这些天线，让它发出的每个电磁波的空间互相抵消或者增强，就可以形成一个很窄的波束，而不是全向发射，有限的能量都集中在特定方向上进行传输，不仅传输距离更远了，而且还避免了信号的干扰。这种将无线信号（电磁波）按特定方向传播的技术叫作波束成形（Beamforming）。

波束成形还可以提升频谱利用率，通过这一技术我们可以同时从多个天线发送更多信息。在大规模天线基站，可以通过信号处理算法来计算出信号的最佳传输路径，并且集中移动终端的位置。

5. 全双工

全双工技术是指设备的发射机和接收机占用相同的频率资源同时进行工作，使得通信两端在上、下行可以在相同时间使用相同的频率，突破现有的 FDD 和 TDD 模式。全双工技术是通信节点实现双向通信的关键之一，也是 5G 所需的高吞吐量和低延迟的关键技术。

在同一信道上同时接收和发送，这无疑大大提升了频谱效率。但是 5G 要使用这一颠覆性技术也面临着不小的挑战。

【任务实施】

一、认识 5G 架构的组成模式

1. 任务分析

借助网络或查阅相关书籍对 5G 相关知识有更深入的了解。对 5G 现有的标准化情况、架构模式和关键技术进行分析、归纳，加深理解。

2. 任务训练

写出 5G 架构的组成模式，并对各种模式进行简单介绍。

3. 任务记录

（1）5G 是＿＿＿＿＿＿＿的缩写，中文名称为＿＿＿＿＿＿。国际电信联盟（ITU）公布，5G 技术的正式名称为＿＿＿＿＿。

（2）蜂窝通信系统主要由两部分组成：＿＿＿＿＿＿＿和＿＿＿＿＿＿＿。无线接入网主要由基站组成，为用户提供无线接入功能。核心网则主要为用户提供互联网接入服务和相应的管理功能等。在 5G 系统中，基站称为＿＿＿＿＿＿，无线接入网称为＿＿＿＿＿＿，核心网称为＿＿＿＿＿＿。

（3）5G 具备有高性能、低延迟与高容量的特性，这些优势主要依赖于其相应的关键技术支撑。请在下表写出 5G 的五大关键技术并写出各关键技术的特点。

关键技术	特点

4. 任务评价

评价项目	评价内容	分值	得分
实训态度	1. 积极参加技能实训操作	10	
	2. 按照安全操作流程进行操作	10	
	3. 遵守纪律	10	
实训过程	1. 准确叙述 5G 的概念和五大关键技术	10	
	2. 简单描述 5G 的标准化情况和架构模式	10	
实训报告	报告分析、实训记录	50	
合计		100	

5. 思考练习

（1）5G 技术的正式名称为（　　）。

A. IMT-2018　　　　B. IMT-2019　　　　C. IMT-2020　　　　D. IMT-2021

（2）在 5G 系统中，基站称为（　　）。

A. eNB　　　　　　B. gNB　　　　　　C. NR　　　　　　D. NGC

（3）Massive MIMO（即大规模 MIMO）可以支持（　　）。

A. 几根天线　　　B. 十几根天线　　　C. 几十根天线　　　D. 上百根天线

（4）全双工是指设备的发射机和接收机占用相同的（　　）资源同时进行工作。

A. 频率　　　　　B. 时间　　　　　C. 空间　　　　　D. 代码

（5）下列哪项不是 5G 的功能？（　　）

A. 模拟语音　　　　　　　　　　　B. 短信、数字语音和手机上网

C. 移动互联网　　　　　　　　　　D. 万物互联

项目二　eNodeB 安装与硬件维护

【项目场景】

学校进行 4G（EPC + LTE）移动通信实训室的建设，已经完成了核心网的硬件安装，在基站建设过程中，掌握基站的建设方法和要求，以及掌握相关设备硬件结构与原理，是完成基站建设的基础。现在要进行 eNodeB 的安装，实训室进行合理布局，完成 TD-LTE 和 FDD-LTD 基站的安装、线缆的连接，而且要做到符合工程规范，完成基站设备的验收。

【项目安排】

任务名称	学习任务 1　eBBU 安装与硬件维护	建议课时	8
教学方法	讲解、讨论、自主探索	教学地点	实训室
任务内容	1. 分布式基站解决方案 2. 认识 eNodeB 系统架构 3. 认识 LTE eBBU 硬件结构 4. eBBU 在网络的位置		

任务名称	学习任务 2　eRRU 安装与硬件维护	建议课时	6
教学方法	讲解、讨论、自主探索	教学地点	实训室
任务内容	1. 认识 LTE eRRU 硬件结构 2. 认识远端射频单元 R8972 3. 认识远端射频单元 R8882 4. 线缆介绍 5. 认识安全规范符号		

任务名称	学习任务 3　LTE 基站设备检查与验收	建议课时	6
教学方法	讲解、讨论、自主探索	教学地点	实训室
任务内容	1. 认识 eBBU 的安装规范 2. 认识 eRRU 的安装规范		

学习任务 1　eBBU 安装与硬件维护

【学习目标】

1. 能说出分布基站的方案
2. 能画出 eNodeB 系统架构
3. 会看 eBBU 指标，判断故障进行维护
4. 在安装 eBBU 时能遵守 eBBU 的安装规范
5. 在阅读能力、表达能力以及职业素养等方面都有一定的提高

【知识准备】

一、分布式基站解决方案

ZTE 采用 eBBU（基带单元）＋eRRU（远端射频单元）分布式基站解决方案，两者配合共同完成 LTE 基站业务功能。

ZTE 分布式基站解决方案如图 2–1 所示。

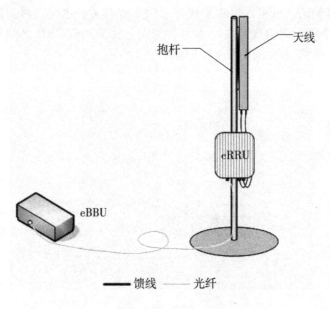

图 2–1　分布式基站解决方案示意图

eBBU＋eRRU 分布式基站解决方案的优势如下：

（1）建网人工费用和工程实施费用大大降低。

eBBU + eRRU 分布式基站设备体积小、重量轻，易于运输，具有工程优势。

（2）建网快，费用少。

eBBU + eRRU 分布式基站适合在各种场景安装，可以上铁塔、置于楼顶、壁挂，站点选择灵活，不受机房空间限制，可节约机房租赁费用和网络运营成本。

（3）升级扩容方便。

eRRU 尽可能地靠近天线安装，可以节约馈缆成本，减少馈线损耗，提高 eRRU 输出功率，增加覆盖面。

（4）功耗低，用电省。

相对于传统的基站，eBBU + ReRU 分布式基站功耗更小，可降低在电源上的投资及用电费用，节约网络运营成本。

（5）分布式组网，可有效利用运营商的网络资源。

支持基带和射频之间的星形、链形组网模式。

（6）采用更具前瞻性的通用化基站平台。

同一个硬件平台能够实现不同的标准制式，多种标准制式能够共存于同一个基站。

二、认识 eNodeB 系统架构

ZTE eNodeB 硬件系统按照基带、射频分离的分布式基站的架构设计，分 eBBU 和 eRRU 两个功能模块。既可以射频模块拉远的方式部署，也可以将射频模块，基带部分放置在同一个机柜内组成宏基站的方式部署。eBBU 与 eRRU 之间接口全面支持中国移动 IR 接口标准。eNodeB 系统架构如图 2 - 2 所示。

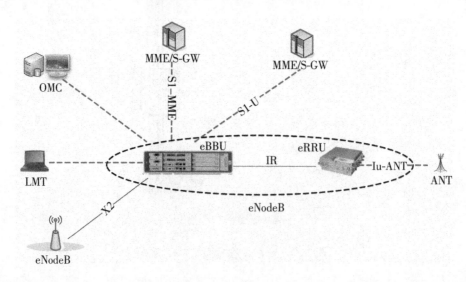

图 2 - 2   eNodeB 系统架构

三、认识 LTE eBBU 硬件结构

中兴通讯 eBBU 设备目前的产品有 B8200、B8300。如图 2 – 3 所示。eBBU 提供与其他系统、网元接口，实现 RRC（Radio Resource Control，无线资源控制）、PDCP（Packet Data Convergence Protocol，分组数据汇聚协议）、RLC（Radio Link Control，无线链路控制）、MAC（Medium Access Control，媒体接入控制）、PHY（Physical Layer，物理层）层协议，完成无线接入控制，移动性管理等功能。

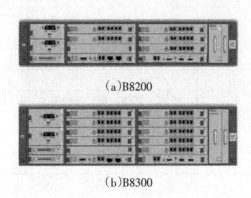

（a）B8200

（b）B8300

图 2 – 3　eBBU 外观

1. eBBU 命名规范

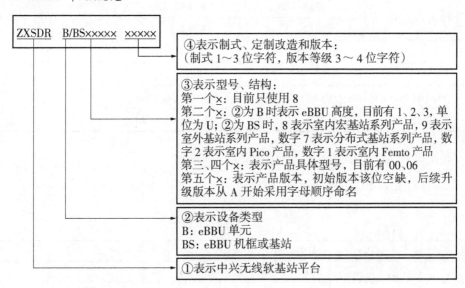

2. LTE eBBU 指标

eBBU 关键技术指标如表 2 –1 所示。

表 2 - 1 eBBU 关键技术指标

关键技术指标	ZXSDR B8200/B8300
尺寸（mm）	88.4 mm×482.6 mm×197 mm（高×宽×深）2U 19″ 133.3 mm×482.6 mm×197 mm（高×宽×深）3U 19″
满配重量	<9 kg
最大配置功耗（W）	25 ℃下：550 W
供电方式，允许电压变化范围	-48 V DC：-57 V～-40 V
电源功率	支持两个 PM，一个 PM 最大输出功率 300 W
工作温度	-10～+55 ℃
工作湿度	5%～95%
气压范围	70～106 kPa
安装方式	19 英寸机架安装、挂墙安装、龙门架安装
S1 接口最大偶联数目	16
X2 接口最大偶联数目	32
支持同步模式	GPS、IEEE 1588

3. TD-LTE eBBU 单板配置规则

表 2 - 2 单板配置规则

PM1 (17)	BPL8 (6)	BPL4 (12)	FAB (15)
	BPL7 (5)	BPL3 (11)	
PM2 (16)	BPL6/FS1 (4)	BPL2 (10)	
	BPL5/FS2 (3)	BPL1 (9)	
SE (14)	CC2 (2)	BPL9/UCI2 (8)	
SA (13)	CC1 (1)	BPL10/UCI1 (7)	

CC 单板 IP 地址：192.254.×.16，×是槽位号。

4. TD-LTE eBBU 单板概述

表 2 - 3 eBBU 单板概述

单板名称	全称	支持数量	描述
CC	控制与时钟板	1～2	实现 BBU 主控与时钟
BP（BPL）	基带处理板	1～9	实现基带处理。单块基带板支持 1 个 8 天线小区，或 2 个 4 天线小区，或 3 个 2 天线小区（小区带宽均为 20M）

单板名称	全称	支持数量	描述
UCI	通用时钟接口板	0～2	与 RGB 通过光纤相连，实现 GPS 拉远输入
SA	现场告警板	1	实现站点告警监控和环境监控
SE	现场告警扩展板	0～1	实现 SA 单板功能扩展
PM	电源模块	1～2	实现 BBU DC 电源输入，并给 BBU 单板供电
FA	风扇模块	1	实现 BBU 风扇散热功能

（1）控制与时钟板 CC。

①CC 提供的功能：实现主控功能、完成 RRC 协议处理、支持主备功能；GE 以太网交换，提供信令流和媒体流交换平面；内（外）置 GPS/BITS/E1（T1）线路恢复时钟/1588 协议时钟；提供系统时钟和射频基准时钟 10 M，61.44 M，FR/FN；支持 S1/X2 接口，提供 16 路 E1/T1，1 路 10/100/1000 M ETH（光电各一个，互斥使用）；提供全 IP 传输架构。

②CC 板面板。如图 2 - 4 所示。

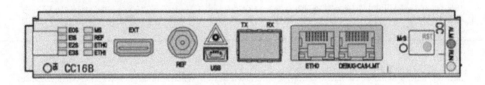

图 2 - 4　CC 板面板图

③CC 板面板接口。

表 2 - 4　CC 板面板接口说明表

接口名称	说明
ETH0	用于 BBU 与 EPC、BBU 之间连接的以太网电接口，10/100/1000 Mbps 自适应
ETH1	用于 BBU 级联、调试或本地维护的以太网接口，10/100/1000 Mbps 自适应
TX/RX	用于 BBU 与 EPC、BBU 之间连接的以太网光接口，100/1000 Mbps，与 ETH0 互斥
EXT	外置通信口，连接外置接收机
REF	外接 GPS 天线接口

④CC 板指示灯。相关说明见表 2 - 5。

表 2-5　CC 板指示灯说明

序号	丝印	信号描述	颜色	正常状态
1	RUN	运行指示灯	绿色	1 Hz 闪烁
2	ALM	告警指示灯	红色	常灭
3	HS	拔插指示灯	蓝色	常灭
4	EOS	0～3 路 E1/T1 状态指示灯	绿色	第 1 秒，闪一下表示 0 路正常，不亮则不可用 第 3 秒，闪一下表示 1 路正常，不亮则不可用 第 5 秒，闪一下表示 2 路正常，不亮则不可用 第 7 秒，闪一下表示 3 路正常，不亮则不可用
5	MS	主备状态指示灯	绿色	主板亮，备板灭
6	REF	GPS 天线或状态指示灯	绿色	常亮
7	ETH0	S1/X2 口链路状态指示灯	绿色	常亮
8	ETH1	LMT 网口链路状态指示灯	绿色	常亮

（2）基带处理板 BPL。

①BPL 提供的功能：实现和 RRU 的基带射频接口；实现用户面处理和物理层处理，包括 PDCP、RLC、MAC、PHY 等；一块 BPL 板可支持 1 个 8 天线 20 MHz 小区。

②BPL 板面板。如图 2-5 所示。

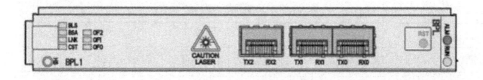

图 2-5　BPL 板面板图

③BPL 板面板接口。相关说明见表 2-6。

表 2-6　BPL 板面板接口说明表

接口名称	接口说明
TX0 RX0 ～ TX2 RX2	3 路 2.4576 G/4.9152 G 光接口，用于连接 RRU
RST	复位按钮，复位单板

④BPL 板指示灯。相关说明见表 2 – 7。

表 2 – 7　BPL 板指示灯说明

序号	丝印	信号描述	颜色	正常状态
1	RUN	运行指示灯	绿色	1 Hz 闪烁
2	ALM	告警指示灯	红色	常灭
3	HS	拔插指示灯	蓝色	常灭
4	BLS	背板链路状态指示灯	绿色	第 1 秒，闪 1 下，与 FS0 通信正常
				第 1 秒，不亮，与 FS0 通信不可用
				第 2、3 秒不亮
				第 4 秒，闪 2 下，与 FS1 通信正常
				第 4 秒，不亮，与 FS1 通信不可用
				第 5、6 秒不亮
				循环显示，循环一次 6 秒钟
5	BSA	单板告警指示灯（保留定义）	绿色	常亮
6	LINK	和 CC 的网口状态指示	绿色	常亮
7	CST	CPU 状态指示	绿色	常亮
8	OF0	光口 1 链路状态指示灯	绿色	常亮
9	OF1	光口 2 链路状态指示灯	绿色	常亮
10	OF2	光口 3 链路状态指示灯	绿色	常亮

（3）通用时钟接口板 UCI。

①UCI 提供的功能：提供 RGPS 输入接口；提供多路 1PPS TOD 输出。

②UCI 板面板。如图 2 – 6 所示。

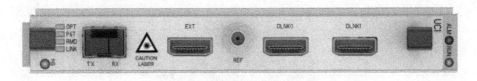

图 2 – 6　UCI 板面板图

③UCI 板面板。相关说明见表 2 – 8。

表 2-8　UCI 板接口说明表

接口名称	接口说明
TX/RX	RGPS 光口信号输入
REF	GPS 射频信号输入
EXT	提供一路 1PPS & TOD 信号输入，RS485 标准
DLINK0，DLINK1	各提供两路 1PPS TOD 输出，RS485 标准

④UCI 板指示灯。相关说明见表 2-9。

表 2-9　UCI 板指示灯说明

序号	丝印	信号描述	颜色	正常状态
1	RUN	运行指示灯	绿色	1 Hz 闪烁
2	ALM	告警指示灯	红色	常灭
3	LINK	和 CC 的网口状态指示	绿色	常亮
4	OPT	光口链路状态指示灯	绿色	常亮
5	P&T	1PPS & TOD 状态指示灯	绿色	常亮
6	RMD	接收机模式指示灯	绿色	常亮表示接收机为 GPS 1 Hz 闪烁表示接收机为 CNSS 0.5 Hz 闪烁表示接收机为 GLONASS

（4）现场告警板 SA。

①SA 提供的功能：支持 9 路轴流风机风扇监控（告警、调试、转速上报）；与机柜内主控板 CC 进行通信；为外挂的监控设备提供扩展的全双工 RS232 与 RS485 通信通道各 1 路；对外输出 6 对开关输入量与 2 对双向开关输出量；1 路温度传感器接口；提供 8 路 E1/T1 接口和保护。

②SA 板面板。如图 2-7 所示。

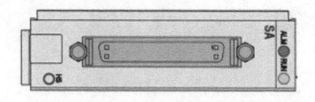

图 2-7　SA 板面板图

③SA 板面板接口：8 路 E1/T1 接口、RS485/232 接口、6 +2 干节点接口（6 路输入，2 路双向）。

④SA 板指示灯。说明见表 2 - 10。

表 2 - 10　SA 板指示灯

序号	指示灯丝印	信号描述	指示灯颜色	正常状态
1	RUN	运行指示灯	绿色	1 Hz 闪烁
2	ALM	告警指示灯	红色	常灭
3	HS	拔插指示灯	蓝色	常灭

（5）现场告警扩展板 SE。

①提供的功能：对外输出 6 对开关输入量与 2 对双向开关输出量；提供 8 路 E1/T1 接口和保护。

②SE 板面板。如图 2 - 8 所示。

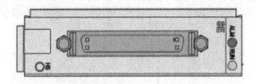

图 2 - 8　SE 板面板

③SE 板面板接口：8 路 E1/T1 接口，RS485/232 接口，6 + 2 干节点接口（6 路输入，2 路双向）。

④SE 板指示灯。说明见表 2 - 11。

表 2 - 11　SE 板指示灯说明

序号	指示灯丝印	信号描述	指示灯颜色	正常状态
1	RUN	运行指示灯	绿色	1 Hz 闪烁
2	ALM	告警指示灯	红色	常灭
3	HS	拔插指示灯	蓝色	常灭

（6）电源模块 PM。

①PM 提供的功能：电源监控模块；系统支持两个电源模块以互为主备或负荷分担方式运行。

②PM 板面板。如图 2 - 9 所示。

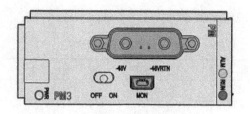

图 2 - 9　PM 板面板

③PM 板面板接口。相关说明见表 2 - 12。

表 2 - 12　PM 板面板接口说明

接口名称	按钮接口
MON	调试用接口，RS232 接口
- 48 V / - 48 V RTN	- 48 V 输入接口

④PM 板指示灯。相关说明见表 2 - 13。

表 2 - 13　PM 板指示灯说明

序号	指示灯丝印	信号描述	指示灯颜色	正常状态
1	RUN	运行指示灯	绿色	1 Hz 闪烁
2	ALM	告警指示灯	红色	常灭
3	HS	拔插指示灯	蓝色	常灭

（7）风扇模块 FA。

①FA 提供的功能：风扇监控模块；风扇供电，转速控制，状态上报驱动；提供风扇控制的接口和功能；提供一个温度传感器，供 SA 检测进风口温度；提供风扇插箱 LED 状态显示。

②FA 板面板。如图 2 - 10 所示。

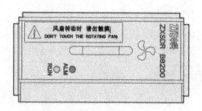

图 2 - 10　FA 板面板

③FA 板指示灯。说明见表 2 - 14。

表 2 - 14　FA 板指示灯说明

序号	指示灯丝印	信号描述	指示灯颜色	正常状态
1	RUN	运行指示灯	绿色	1 Hz 闪烁
2	ALM	告警指示灯	红色	常灭

（8）交直流转换模块 PSU。

①PSU 提供的功能：将 AC 220 V/110 V 电源转换到 DC - 48 V 电源；电源输入/输出过流、过压等保护功能；电源监控告警功能。

②PSU 面板。如图 2 - 11 所示。

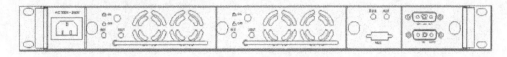

图 2 - 11　PSU 板面板

四、eBBU 在网络的位置

B8300 实现 eNodeB 的基带单元功能，与射频单元 eRRU 通过基带 - 射频光纤接口连接，构成完整的 eNodeB。与 EPC 通过 S1 接口连接，与其他 eNodeB 间通过 X2 接口连接。eBBU 在网络中的位置如图 2 - 12 所示。

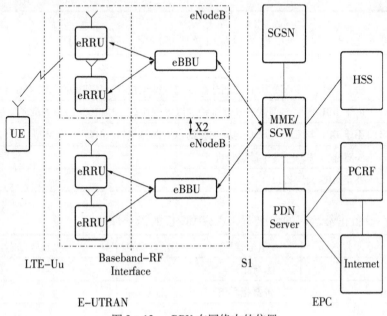

图 2 - 12　eBBU 在网络中的位置

【任务实施】

一、对 eBBU 设备的认知

1. 任务分析

在进行设备的安装、维护前需要对设备有一定的认知，清楚设备是前提。通过对实训室机房设备的观察，识记 BBU 设备的结构、指示灯等工作状态。

2. 任务训练

在断电及在通电状态下进行 BBU 设备的观察，记录设备的指示灯及正常的工作状态。

3. 任务记录

（1）通过观察设备 B8300，把实际单板填写下来并标出单板槽位。

（2）通过学习、观察 CC 板面板接口及连接情况，完成下列表格。

接口名称	说明
	用于 BBU 与 EPC、BBU 之间连接的以太网电接口，10/100/1000 Mbps 自适应
	用于 BBU 级联、调试或本地维护的以太网接口，10/100/1000 Mbps 自适应
	用于 BBU 与 EPC、BBU 之间连接的以太网光接口，100/1000 Mbps，与 ETH0 互斥
	外置通信口，连接外置接收机
	外接 GPS 天线接口

（3）在设备正常运行的情况下，观察 CC 板的指示灯情况。

序号	指示灯丝印	信号描述	指示灯颜色	正常状态
1		运行指示灯		
2		告警指示灯	红色	
3		拔插指示灯		

序号	指示灯丝印	信号描述	指示灯颜色	正常状态
4	EOS	0～3 路 E1/T1 状态指示灯		第 1 秒，闪一下表示 0 路正常，不亮则不可用 第 3 秒，闪一下表示 1 路正常，不亮则不可用
5		主备状态指示灯		
6		GPS 天线或状态指示灯		
7	ETH0	S1/X2 口链路状态指示灯		

（4）在设备正常运行的情况下，观察 BPL 板的指示灯情况。

序号	丝印	信号描述	颜色	正常状态
1	RUN			
2	ALM		红色	
3	HS			
4	LINK			
5	CST			
6	OF0			

4. 任务评价

评价项目	评价内容	分值	得分
实训态度	1. 积极参加技能实训操作	10	
	2. 按照安全操作流程进行操作	10	
	3. 遵守纪律	10	
实训过程	1. 能说出分布基站的方案	10	
	2. 能画出 eNodeB 系统架构	10	
	3. 会看 eBBU 指标，判断故障进行维护	10	
	4. 在安装 eBBU 时能遵守 eBBU 的安装规范	10	
实训报告	报告分析、实训记录	30	
合计		100	

5. 思考练习

（1）基带处理板是（　　　）。

A. BPL　　　　　　B. CC　　　　　　C. SA　　　　　　D. PM

（2）不属于 B8300 的单板是（　　　）。

A. BPL　　　　　　B. CC　　　　　　C. SA　　　　　　D. APBE

（3）ZXSDR B8200 PM 板输入电压为（　　　）。

A. 48 V　　　　　　B. −48 V　　　　　　C. 220 V　　　　　　D. 380 V

二、eBBU 设备的安装与维护

1. 任务分析

现网新建一个室外宏站，3 个扇区，每个扇区 20 M 带宽，工作在 D 频段，请通过对"知识准备"内容的学习，根据要求选择合适的硬件并进行连线。

2. 任务训练

根据任务分析的要求，进行设备选择，并进行硬件连线。维护设备时，需要对其进行上电、下电操作，对实训室设备各模块进行检查是否正常，进行通电测试运行。

3. 任务记录

（1）根据任务分析要求，填写设备的选择数量。

eBBU _____ 中的 _____ 单板选择 1 块，BPL 单板选择 _____ 块，SA 单板选择 _____ 块，_____ 单板选择 1 块，FA 单板选择 _____ 块；eRRU 选择 3 个 R8882；天线选择 3 个 8 通道 D 频段的室外天线。

（2）根据选择的单板安装在 B8200 的机框里面。

(15)	(4)	(8)	
(14)	(3)	(7)	(16)
(13)	(2)	(6)	
	(1)	(5)	

（3）画出设备连线图。

4. 任务评价

评价项目	评价内容	分值	得分
实训态度	1. 积极参加技能实训操作	10	
	2. 按照安全操作流程进行操作	10	
	3. 遵守纪律	10	
实训过程	1. 能说出分布基站的方案	10	
	2. 能画出 eNodeB 系统架构	10	
	3. 会看 eBBU 指标，判断故障进行维护	10	
	4. 在安装 eBBU 时能遵守 eBBU 的安装规范	10	
实训报告	报告分析、实训记录	30	
合计		100	

5. 思考练习

(1) eBBU 通过 (　　) 单板与 eRRU 相连。

A. BPL　　　　　　B. CC　　　　　　C. SA　　　　　　D. PM

(2) ZXSDR R8300 TDD GPS 路线接口为 (　　)。

A. EXT　　　　　　B. USB　　　　　　C. REF　　　　　　D. ETH

(3) 实训室机房的 BBU 设备安装方式属于 (　　)。

A. 简易安装　　　　B. 挂墙安装　　　　C. 机架安装　　　　D. 抱杆安装

学习任务 2　eRRU 安装与硬件维护

【学习目标】

1. 能分清远端射频单元的使用场景
2. 能描述 RRU 的硬件组成
3. 会看指示灯说明，判断故障并进行维护
4. 在安装 eRRU 时能遵守 eRRU 的安装规范
5. 能进行 RRU 的安装
6. 对阅读能力、表达能力以及良好的职业素养有一定的提高

【知识准备】

一、认识 LTE eRRU 硬件结构

LTE eRRU 设备是利用数字预失真技术、高效率功放技术、SDR 技术研制的新型、紧凑型射频远端单元（RRU），其系统架构上主要分为 6 个部分：电源 RPDC、双工滤波器 LDDLF、收发信板 TRF1 板、功放 PA20F1、接口防护板 PIB 板、接口转换板 RIE 板。如图 2-13 所示。

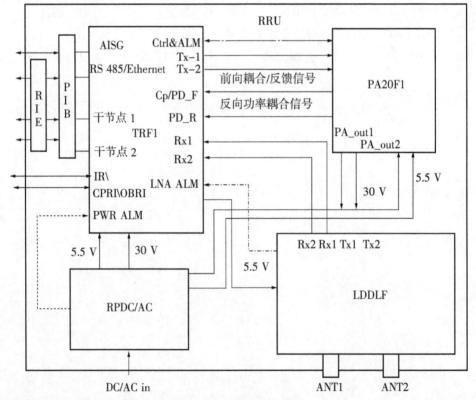

图 2-13　eRRU 硬件概述

二、认识远端射频单元 **R8972**

1. eRRU 命名规范

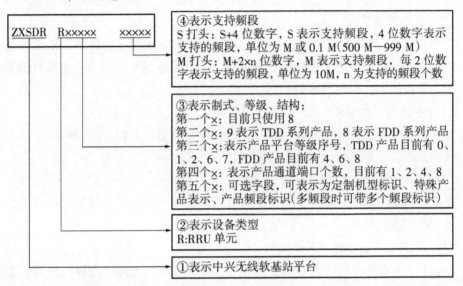

ZXSDR R×××××　×××××

④表示支持频段
S 打头：S+4 位数字，S 表示支持频段，4 位数字表示支持的频段，单位为 M 或 0.1 M（500 M—999 M）
M 打头：M+2×n 位数字，M 表示支持频段，每 2 位数字表示支持的频段，单位为 10M，n 为支持的频段个数

③表示制式、等级、结构：
第一个×：目前只使用 8
第二个×：9 表示 TDD 系列产品，8 表示 FDD 系列产品
第三个×：表示产品平台等级序号，TDD 产品目前有 0、1、2、6、7，FDD 产品目前有 4、6、8
第四个×：表示产品通道端口个数，目前有 1、2、4、8
第五个×：可选字段，可表示为定制机型标识、特殊产品表示、产品频段标识（多频段时可带多个频段标识）

②表示设备类型
R:RRU 单元

①表示中兴无线软基站平台

如 R8972E，表示 E 频段（2320～2370 MHz）两通道 eRRU，支持 TDS/TDL 双模应用，与 eBBU 配合主要应用于 E 频段室内分布站点。

2. R8972 产品外观

R8972 是两通道 eRRU，可用于 TD-LTE 和/或 TD-SCDMA 的宏蜂窝组网以及补盲覆盖，可应用于室内、外环境。通过光纤与 eBBU 相连，与 eBBU 一起组成完整的基站，实现所覆盖区域的无线传输。外观如图 2－14 所示。

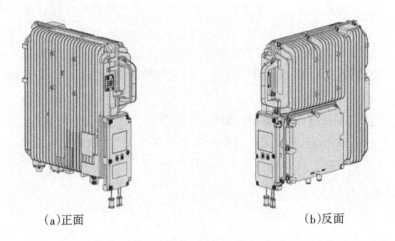

（a)正面　　　　　　　　　　　　（b)反面

图 2－14　R8972 产品外观

3．产品特点

（1）统一平台，平滑演进。

R8972 采用 SDR 统一平台，支持面向未来新技术的平滑演进。

（2）绿色节能环保。

支持最大 60 MHz 带宽，支持多模、多载波，大大减少了设备数。采用被动式散热设计，无噪音，与传统的空调散热方式相比，可节省 80% 耗电量。支持时隙节电和调压节电节能技术，有效节约能耗。

（3）容量大，性能高，用户体验佳。

支持多载波，支持载波聚合（CA），提升系统容量。支持 2×2 MIMO，极大地优化了频谱效率，可带来极佳的用户体验。

（4）输出功率大，满足深度覆盖场景需求。

最大输出功率为 2×50 W，无须干线放大器，可满足地铁、隧道、体育场馆深度覆盖场景的多载波需求。

（5）体积小、重量轻、布设灵活。

体积小，重量小，方便运输和工程安装。支持抱杆、挂墙，摆脱机房和配套设施限制，并提供交、直流型 ZXSDR R8972 供选择，便于快速建网。支持 RRU 的多种级联方式，支持灵活的布网。

三、认识远端射频单元 R8882

1．R8882 产品特性

（1）远端射频单元应用于室外覆盖，与 eBBU 配合使用，覆盖方式灵活。

（2）采用小型化设计，为全密封、自然散热的室外射频单元站，满足各种室外应用环境。

（3）可以安装在靠近天线位置的椅杆或墙面上，有效降低射频损耗。

（4）机顶输出 2×40 W，可广泛应用于从密集城区到郊区广域覆盖的多种应用场景。

（5）支持 2T4R，极大地提高频谱效率和网络上行性能，能带来很好的用户体验。

（6）重量轻（小于 18 千克），体积小（小于 17 升），具有易于安装维护等特点。

（7）功放效率高，TCO 低。

2．产品功能

（1）支持 5 MHz、10 MHz、15 MHz 和 20 MHz。

（2）支持上行 2500～2570 MHz/下行 2620～2690 MHz。

（3）支持 2T4R（更换双工器也可支持 2T2R）。

（4）支持下行 QPSK，16-QAM、64-QAM 调制方式，支持上行 QPSK，16-QAM 调制方式。

（5）支持上下行功率上报功能。

（6）功放过功率保护。

（7）支持发射通道的关闭/开启。

（8）支持动态配置功放电源电压，在不同负荷下功放实现最优效率。

（9）采用平台化设计，支持 GUL 三种制式，软件升级即可平滑转换。

（10）支持配置使用 AISG2.0 接口的电调天线。

（11）支持场强扫描、无源互调测试、温度查询、驻波比查询、干节点功能、软硬件复位。

（12）电源防反接。

3. 设备外观

R8882 由双工滤波器、收发信单元、功放、电源和接口防雷板五大功能模块组成。机壳分上壳体和下壳体，上、下壳体的底面外侧均设计有散热齿，整机采用自然对流散热。如图 2 - 15 所示。

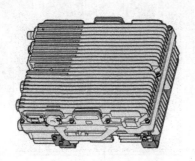

图 2 - 15　R8882 外观

4. 对外接口

R8882 对外接口如图 2 - 16 所示，接口说明如表 2 - 15 所示。

表 2 - 15　R8882 对外接口说明

编号	丝印	接口	接口类型/连接器
1	PWR	电源接口	6 芯塑壳圆形电缆连接器（孔）
2	MON	外部监控接口	8 芯面板安装直式电缆焊接圆形插座（针）
3	AISG	AISG 设备接口	8 芯圆形连接器

编号	丝印	接口	接口类型/连接器
4	OPT1	eBBU 与 eRRU 的接口/eRRU 级联接口	LC 型光接口（IEC 874）
5	OPT2	eBBU 与 eRRU 的接口/eRRU 级联接口	LC 型光接口（IEC 874）
6	ANT4	发射/接收天馈接口	50 Ω DIN 型连接器
7	ANT3	分集接收天馈接口	50 Ω DIN 型连接器
8	⏚	接地螺钉	—
9	ANT2	分集接收天馈接口	50 Ω DIN 型连接器
10	ANT1	发射/接收天馈接口	50 Ω DIN 型连接器

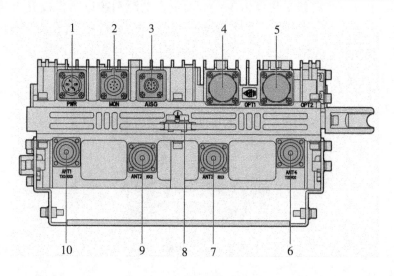

图 2-16 R8882 对外接口

5. 指示灯说明

R8882 指示灯如图 2-17 所示，指示灯说明如表 2-16 所示。

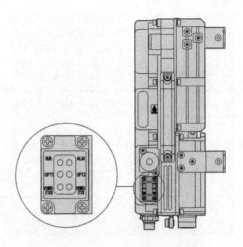

图 2 - 17　R8882 指示灯

表 2 - 16　R8882 指示灯说明

名称	颜色	含义
RUN	绿	运行指示
ALM	红	告警指示
OPT1	绿	光口 1 状态指示
OPT1	绿	光口 2 状态指示
VSWR1	红	发射通道驻波比指示
VSWR2	红	发射通道驻波比指示

6. 安装使用场景

R8882 安装使用的三个场景如图 2 - 18 所示。

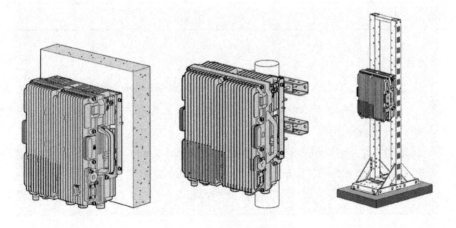

图 2 - 18　安装使用场景

7．物理指标

（1）外形。

表 2 - 17　R8882 外形指标

项目	指标
尺寸	380 mm×320 mm×140 mm（高×宽×深）
重量	小于 18 千克
颜色	银灰

（2）电源和功耗。

表 2 - 18　R8882 电源和功耗指标

项目	指标
额定输入电压	- 48 V DC（变化范围为 - 37 V DC～57 V DC）
峰值功耗	330 W

（3）环境条件。

表 2 - 19　R8882 环境条件指标

项目	指标
工作环境温度	- 40 ℃～55 ℃
工作环境相对湿度	5%～100%
储存环境温度	- 55 ℃～70 ℃
储存环境相对湿度	10%～100%

8．性能指标

（1）无线性能：支持 5 MHz、10 MHz、15 MHz 和 20 MHz 带宽；频率范围：2500～2570 MHz（上行）／2620～2690 MHz（下行）；灵敏度：- 104 dbm，RRU 噪声系数小于 3.5 db；机顶发射功率：2×40 W。

（2）传输性能：级连时总的传输距离不超过 25 km，单级时，最大传输距离为 10 km；光口速率：2×3.072 Gbps 和 2×2.4576 Gbps。

（3）组网与传输。支持星型和链型组网；最大支持 4 级级联；支持单模和多模光纤。

四、线缆介绍

1. 直流电源线缆

R8882 L268 的直流电源电缆采用四芯电缆，按照工勘长度的要求制作。电缆一端焊接 4 芯直式圆形插头，另一端裸露，在裸露的芯线上粘贴表示信号定义的标签。如图 2 – 19 所示。

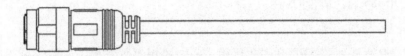

图 2 – 19　直流电源线缆

2. 保护地线缆

R8882 的保护地线缆采用 25 mm² 导线制作，导线两端压接圆形裸端子。如图 2 – 20 所示。

图 2 – 20　保护地线缆

3. 光纤

R8882 光纤有两种，一种用于连接 eBBU，另一种用于 R8882 之间的连接（即用于级联）。如图 2 – 21、图 2 – 22 所示。

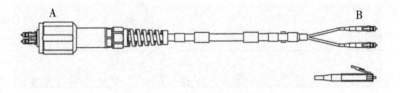

图 2 – 21　R8882 连接 eBBU 光纤

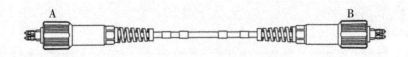

图 2 – 22　R8882 级联光纤

4．天馈跳线

射频跳线用于 R8882 与主馈线以及主馈线与天线的连接。当主馈线采用7/8″或5/4″同轴电缆时，需要采用射频跳线进行转接。

5．干接点/RS485/AISG 接口线缆

干接点/RS485/AISG 控制线缆，环境监控线缆采用 D26 防水插座。AISG 控制线缆用于将 AISG 设备连接到 ZXSDR R8882 机箱的 AISG 接口。环境监控线缆提供输入干接点及 RS485 监控信号的连接。

6．馈线

馈线是从天线到 ZXSDR R8882 机箱之间一段用于收发无线射频信号的电缆，馈线直径一般分为1/2″、7/8″以及5/4″三种。对于 ZXSDR R8882 来说，通常机箱安装位置与天线的距离不是很远，所以 ZXSDR R8882 普遍采用直径为1/2″的馈线。

五、认识安全规范符号

1．符号说明

表 2－20　安全符号及含义

安全符号	含义	安全符号	含义
⚠	注意安全	⚠	当心烫伤
⚠	防静电	⚠	当心激光
⚠	当心触电	⚠	当心微波

安全提示分四个级别：危险、警告、注意、说明。安全等级的文字提示，位于安全符号的右边。安全内容的详细说明位于符号之下。格式如下所示。

 危险！

表示若忽视安全告诫，就有可能发生人员伤亡或设备损坏或瘫局的重大事故。

警告！

表示若忽视安全告诫，就有可能发生重大或严重伤害事故，或损坏设备或中断主要业务的事故。

 注意！

表示若忽视安全告诫，就有可能发生严重的伤害事故，或损坏设备或中断部分业务的事故。

 说明！

表示若忽视安全告诫，就有可能发生伤害事故，或损坏设备或中断局部业务的事故。

2. 安装规范指导

（1）电气安全。

 危险！

严禁带电安装、拆除电源线。电源线在接触导体的瞬间产生的电火花或电弧可能导致火灾或使眼睛受伤。

在进行电源线的安装、拆除操作之前，必须关掉电源开关。在连接电缆之前，必须确认连接电缆、电缆标签与实际安装情况相符。

 警告！

严禁在机柜上钻孔。钻孔会损坏机柜内部的接线、电缆，钻孔所产生的金属屑进入机柜会导致单板短路。

（2）静电。

 注意!

人体产生的静电会损坏电路板上的静电敏感元器件，如大规模集成电路（IC）等。

人体活动引起的摩擦是产生静电荷积累的根源。在干燥环境下，人体所带的静电电压最高可达 30 kV，并较长时间地在人体中保存，带静电的操作者与器件接触并通过器件放电而损坏器件。在接触设备，手拿插板、电路板、IC 芯片等之前，为防止人体静电损坏敏感元器件，必须戴防静电手环，并将防静电手环的另一端良好接地。

（3）激光。

 警告!

严禁直视光端机出口或光纤内部的激光束，否则会损害您的眼睛。

（4）高温。

 危险!

设备某些部件表面温度较高，请不要随意触摸，以免烫伤。

（5）吊装重物。

 警告!

吊装重物时，严禁在吊臂、吊装物正下方走动。

当拆卸重型设备时，或移动、更换设备时，必须使用有适当起重能力的设施。进行吊装作业的人员需经过相关合格培训，吊装工具需经检验齐全方可使用。确保吊装工具牢固固定在可承重的固定物或墙上，方可进行吊装作业。使用简短的命令，以防误操作。

（6）插拔模块。

此处的模块包括单板和插箱。

 注意!

操作人员需要佩戴防静电手环。

插入模块时切勿用力过大，以免弄歪背板上的插针。

顺着槽位插入模块，避免模块电路面相互接触，引起短路。

手拿模块时，切勿触摸模块电路、元器件、接线头、接线槽。

射频模块运行时很烫，插拔时注意烫伤。

（7）人员。

 注意!

非专业人员不得进行设备内部的维护或调试，除非有专业人员在场并进行指导。

【任务实施】

一、认识 eRRU 设备

1. 任务分析

在进行设备的安装、维护前需要对设备有一定的认知，清楚设备是前提。通过对实训室机房设备的观察，识记 eRRU 设备的结构、指示灯等工作状态。

2. 任务训练

通过对 eRRU 设备的观察，记录设备的指示灯及正常的工作状态。

3. 任务记录

（1）根据 eRRU 硬件组成（图 2 – 23），完成表 2 – 21。

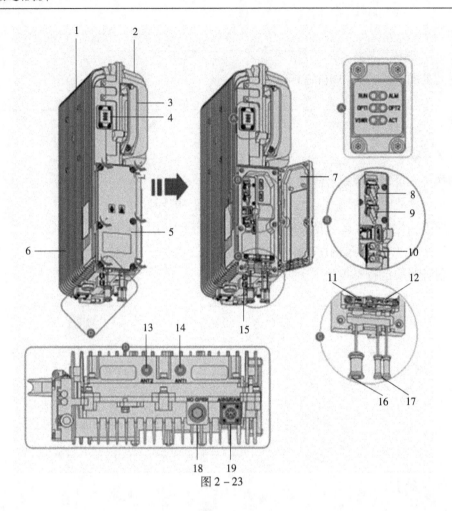

图 2 - 23

表 2 - 21

序号	名称	序号	名称	序号	名称
1		8	光口 1（OPT1）	15	
2		9		16	
3		10		17	
4		11		18	
5		12		19	电调天线端口/干接点用户设备接口（AISG/EAM）
6		13			
7		14	天线端口 1（ANT1）		

（2）通过观察 R8972E 的指示灯说明，完成表 2 - 22。

表 2 - 22

丝印	名称	颜色	含义
RUN			常灭：系统未加电
			常亮：系统加电，软件系统未运行
			慢闪（1 s 亮，1 s 灭）：系统加电，软件系统启动中
			正常闪（0.3 s 亮，0.3 s 灭）：系统加电，软件系统启动完成，RRU 与 BBU 通信正常
			快闪（70 ms 亮，70 ms 灭）：系统加电，软件系统启动完成，ZXSDR R8972 与 BBU 通信尚未建链
ALM		红	常灭：
			常亮：
OPT1		绿	常灭：
			常亮：
			闪烁（0.3 s 亮，0.3 s 灭）：此光口接收到光信号，链路同步
VSWR		红	常灭：所有发射链路天线端口的 VSWR 正常
			常亮：
ACT	无线链路状态指示灯		常亮：
			常灭：

4. 任务评价

评价项目	评价内容	分值	得分
实训态度	1. 积极参加技能实训操作	10	
	2. 按照安全操作流程进行操作	10	
	3. 遵守纪律	10	
实训过程	1. 能分清远端射频单元的使用场景	10	
	2. 能描述 eRRU 的硬件组成	10	
	3. 会看指示灯说明，判断故障进行维护	10	
	4. 能进行 eRRU 的安装	10	
实训报告	报告分析、实训记录	30	
合计		100	

5．思考练习

（1）实训室 FDD-LTE 系统的 eRRU 使用的型号为（　　）。

A．ZXTR R31FA

B．ZXSDR R8882 S2100

C．ZXSDR R8881 S2100

D．ZXSDR R8972E S2300

（2）连接 GPS 天线的线缆是（　　）。

A．馈线　　　　B．光纤　　　　C．双绞线　　　　D．同轴电缆

（3）eRRU 通过（　　）接口与 eBBU 连接。

A．PWR　　　　B．MON　　　　C．OPT　　　　D．ANT

（4）ZXSDR R8882 S2100 发射通道驻波比指示（　　）。

A．RUN　　　　B．ALM　　　　C．OPT　　　　D．VSWR

（5）TD-LTE 系统的 RRU 使用频段为（　　）。

A．1920～1982 MHz，2110～2170 MHz

B．2320～2370 MHz

C．1880～1915 MHz，2010～2025 MHz

D．1920～1982 MHz

二、eRRU 设备的安装

1．任务分析

在设备的操作维护过程中，必须遵守所在地的安全规范和相关的操作规程，否则可能会导致人身伤害或设备损坏。通过识读安全规范符号，并进行设备安装。

2．任务训练

（1）工具仪表准备。

按照表 2-21 准备好安装工具及测试仪表，根据安装现场需求选择使用。

表 2-21　工具及仪表

名称	实物例图	名称	实物例图
同轴电缆剥线器		螺丝刀	
电动冲击钻		六角扳手	

续上表

名称	实物例图	名称	实物例图
多功能压接钳		钳子	
扳手		水平尺	
地阻测试仪		万用表	
钢锯		液压钳	

（2）设备安装。

eRRU 的安装方式主要有挂墙安装、抱杆安装和龙门架安装。

1）挂墙安装。安装设备时，要保证一定预留空间，具体如图 2 - 24 所示。

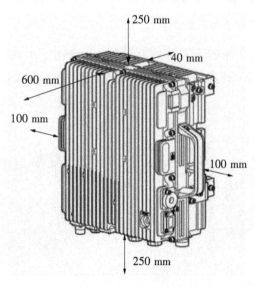

图 2 - 24　挂墙安装预留空间

步骤：

①根据工程设计文件中设计的 ZXSDR R8882 的安装位置，使用打孔模板在墙上打孔并安装膨胀螺栓，具体步骤如图 2 – 25 所示，打孔深度约 60 mm，打孔间距如图 2 – 26 所示。

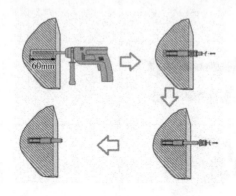

图 2 – 25 安装膨胀螺栓

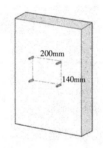

图 2 – 26 打孔间距图

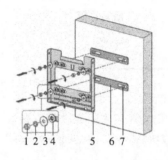

图 2 – 27 固定挂墙组件

②按图 2 – 27 所示将挂墙组件固定在墙壁上（顺序：1. 螺母 2. 弹垫片 3. 平垫片 4. 绝缘垫片 5. 挂墙组件 6. 绝缘板 7. 膨胀螺栓）。挂墙组件安装完成，如图 2 – 28 所示。

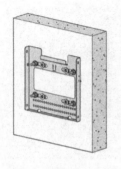

图 2 – 28 挂墙组件安装完成示意图

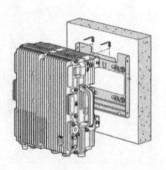

图 2 – 29 将设备挂接到挂墙组件

③将 ZXSDR R8882 挂接到挂墙组件上（对准卡板），如图 2 – 29 所示。

④使用四个 M6 防盗螺钉将 ZXSDR R8882 与挂墙组件固定在一起（1. 绝缘垫片 2. 弹垫片　3. 防盗螺钉），如图 2 – 30 所示。安装完成示意图如图 2 – 31 所示。

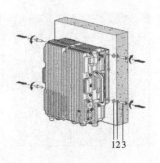

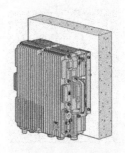

图 2 – 30　固定设备　　　　　　　图 2 – 31　挂墙安装完成

2）抱杆安装（一抱一安装）

当设备和天线安装在同一根抱杆上时，考虑布线美观以及抱杆的平衡性，应将设备安装于天线背面且在天线下缘 1～3 m 处。必须使用随设备配发的安装材料，如螺栓、螺母、垫片等。禁止使用自带的安装辅料，否则无法保证安装材料的可靠性。在进行一抱一安装之前，需要在设备上安装防雷箱安装组件，如图 2 – 32 所示。

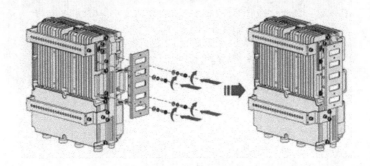

图 2 – 32　安装防雷箱安装组件

①按图 2 – 33 所示固定挂墙装组件和抱杆组件。

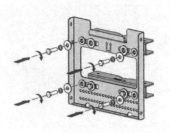

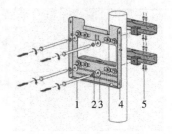

图 2 – 33　固定挂墙组件和抱杆组件　　　　图 2 – 34　固定抱杆组件

②按图 2 - 34 所示将抱杆组件固定在抱杆上（顺序：1. 长螺栓　2. 弹垫片　3. 平垫片　4. 挂墙件　5. 抱杆组件）。固定完成后示意图如图 2 - 35 所示。

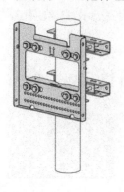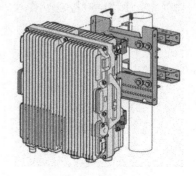

图 2 - 35　安装组件固定在抱杆上　　　　图 2 - 36　挂接设备

③按图 2 - 36 所示将设备挂接在挂墙组件上。

④按图 2 - 37 所示将设备紧固在挂墙件上。安装完成后的示意图如图 2 - 38 所示。

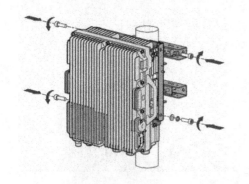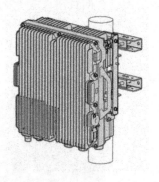

图 2 - 37　固定设备图　　　　　　　图 2 - 38　一抱一安装完成

⑤按图 2 - 39 所示将防雷箱紧固在安装组件上。

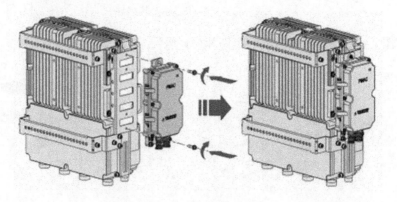

图 2 - 39　安装防雷箱

3）龙门架安装

①装配龙门架

a. 按图 2 – 40 所示用 M5×16 螺钉装配立柱和底板。

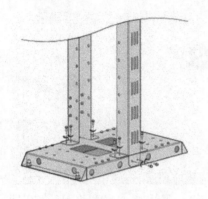

图 2 – 40　装配立柱和底板

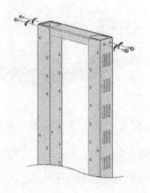

图 2 – 41　紧固立柱和盖板

b. 按图 2 – 41 所示用 M5×16 螺钉紧固立柱和盖板。

c. 按图 2 – 42 所示用 M5×16 螺钉装配斜拉架。

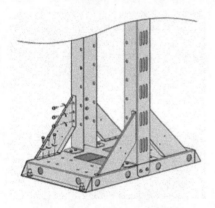

图 2 – 42　装配斜拉架

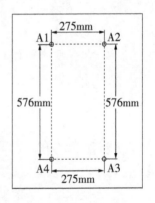

图 2 – 43　打孔间距

②安装龙门架

a. 根据工程设计文件中设计的设备安装位置打孔并安装膨胀螺钉，打孔间距如图 2 – 43 所示。

b. 安装龙门架。

在水泥底板安装用 M10×100 膨胀螺钉，如图 2 – 44 所示。

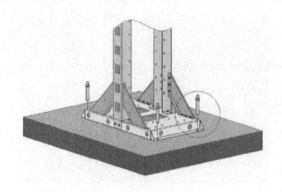

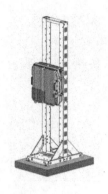

图 2-44　在水泥底板上安装龙门架　　　　图 2-45　安装完成示意图

③安装设备

a. 用螺栓将挂墙组件固定在龙门架上的相应位置。

b. 将设备挂接到挂墙组件上（对准卡板），使用 4 个内六角 M6×20 螺栓固定设备与挂墙组件，如图 2-45 所示。

3. 任务记录

（1）通过观察设备间设备连线，简单画出 eBBU、eRRU 与天线设备实际连接情况。

（2）写出 eRRU 挂墙安装与周边预留的空间。

正面		背面	
顶端		底端	
左侧		右侧	

4. 任务评价

评价项目	评价内容	分值	得分
实训态度	1. 积极参加技能实训操作	10	
	2. 按照安全操作流程进行操作	10	
	3. 遵守纪律	10	
实训过程	1. 能分清远端射频单元的使用场景	10	
	2. 能描述 eRRU 的硬件组成	10	
	3. 会看指示灯说明，判断故障进行维护	10	
	4. 能进行 eRRU 的安装	10	
实训报告	报告分析、实训记录	30	
合计		100	

5. 思考练习

（1）观察设备间 eRRU 的安装场景是属于（　　）。

A. 抱杆安装　　　　B. 挂墙安装　　　　C. 龙门架安装　　　D. 塔身

（2）安全提示分四个级别，表示若忽视安全告诫，就有可能发生设备损坏或重大事故的是（　　）。

A. 危险　　　　　B. 警告　　　　　C. 注意　　　　　D. 说明

（3）eBBU 与 eRRU 的接口是（　　）。

A. MON　　　　　B. ANT　　　　　C. OPT　　　　　D. AISG

（4）R8882 表示"发射通道驻波比指示"的是（　　）。

A. RUN　　　　　B. ALM　　　　　C. VSWR　　　　　D. OPT

（5）R8882 额定输入电压是（　　）。

A. -48 VDC　　　　B. 48 VDC　　　　C. 5 VDC　　　　D. -5 VDC

学习任务 3　LTE 基站设备检查与验收

【学习目标】

1. 能对基站设备物资进行清点并记录
2. 根据验收规范进行设备检查与验收
3. 阅读能力、表达能力以及职业素养有一定的提高

【知识准备】

一、认识 eBBU 的安装规范

LTE 建设组网中，使用 eBBU + eRRU 设备进行组网成为主流的建设方式。TD-LTE 基站如果使用 8T8R 智能天线则必须使用 eBBU + eRRU 的建设方式，以便把 eRRU 安装在距离天线近的位置。LTE FDD 的基站为了降低馈线的损耗，降低机房施工和天面工程施工的难度，也会大量使用 eBBU + eRRU 设备形式。eBBU 设备安装位置和安装方式灵活，对机房空间要求和电源要求都相对较低。特别对于空间条件有限的机房，在保证施工安全和设备安全的前提下，可以采取相应的安装措施。

1. eBBU 的安装方式

eBBU 安装时通常有 3 种安装方式，包括 19″机架安装，挂墙安装和简易架安装。如果条件满足，19″机架安装是首选的安装方式。挂墙安装是 eBBU 安装常见的安装方式，只要机房墙体能满足要求且无墙体悬挂设备的特殊要求，可采用 eBBU 挂墙安装。eBBU 挂墙安装既可以节约机房空间，又对其他设备包括局部空间散热和线缆交叉的影响小，简易架安装方式一般用在 19″机架无安装位置和机房不允许挂墙安装的场景。

（1）挂墙安装。

eBBU 设备安装位置应与工程设计图纸相符，严禁安装在馈线窗或者壁挂空调正下方，以免馈线窗渗水或者空调发生故障滴水损坏 eBBU 设备。eBBU 的安装位置还需要考虑走线方便和维护方便等基本的原则。

①挂墙安装设备配件的要点是使用水平仪，水平仪的使用有两次，第一次由设备底边中心点划出底边距地面高度平行线，这就是设备底边安装确定位置；第二次，在设备紧固膨胀螺丝时，放置在设备上平面作为螺丝紧固的调整标准。eBBU 前方必须预留不小于 700 mm 的空间，以便维护。两侧预留出不小于 200 mm 空间便于散热。

②建议 eBBU 底部与室内其他设备底部距地保持一致，上端距地一般不超过 1.8 m。

③膨胀螺栓安装完成后，在 4 个膨胀螺栓垫上 4 块绝缘垫片，将挂墙机架挂在绝

缘垫片上，依次垫上绝缘垫套、平垫、弹垫，用扳手旋紧螺母，完成挂墙机架安装（绝缘垫套要穿过挂墙机架的背板和绝缘垫片，直到前端接触墙面）。

（2）19″机架安装。

在19″机架中安装时，必须考虑 eBBU 和其他设备的相对位置和散热问题，另外就是要注意 eBBU 的线缆和已有线缆排列要整齐，设备的保护地线不能只接到机柜机架，以免因接地问题导致设备故障。

①安装在19″机架内建议留出 eBBU 下各 1U 的安装空间，方便设备走线和散热。19″机架前面板空间建议不小于 800 mm。

②首先确定机柜的安装位置，将 4 个 M6 的浮动螺母安装到 19″机柜的前面两侧立柱上，在机柜后侧两个立柱上固定两个固定支角，将主设备推入机柜并安装在固定支角上，主设备前面用 4 只 M6 面板螺栓与机架前安装立柱的 4 个浮动螺母紧固。eBBU 机架安装如图 2－46 所示。

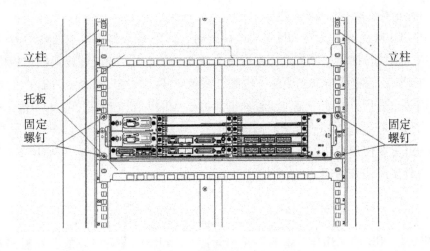

图 2－46

③接地时先用 16 mm² 黄绿线将 eBBU 接入机架，再使用 16 mm² 的保护地线从机柜连接至室内地排。

（3）eBBU 简易安装。

如果机房内空间足够，为了避免和其他设备共用机架，可以单独为 eBBU 设备做简易架进行安装。eBBU 在简易架安装时要求所有线缆排放整齐，电源线和信号线做到不交叉。

①简易架两侧的立柱设计有内凹走线槽，所有线缆均应放入内凹走线槽中。

②从 eBBU 正面看，要求所有电源线、地线走左侧立柱（包括 eRRU 的电源线地线），包括户外光缆、射频路线、GPS 馈线、E1 线等在内的所有信号线走右侧立柱；

电源线和信号线在水平走线架上尽量不交叉。

③eBBU 和 eRRU 之间余留的户外光缆，盘绕成直径不小于 15 cm 的圆环后，用白色塑料扎带固定在 eBBU 和 eRRU 之间的立柱上。

2. eBBU 设备安装其他要求

在各种场景下安装 eBBU 设备需要注意的问题包括安装过程中不能有损坏，所有板卡和防静电手镯必须完整并且安装正确。由于 LTE 设备需要外接 GPS，GPS 线缆连接至 eBBU 的安装规范与馈线的安装规范类似。eBBU 和 eRRU 之间一般采用尾纤或户外光缆连接，需要注意施工时尾纤和光缆的安装和保护。

①eBBU 设备安装垂直偏差应小于 1‰。设备安装应保持表面干净整洁，外部漆饰应完好。

②单板与假面板上的手柄完全插入，相关板卡拨码开关设置正确，机框及板卡所有螺钉全部拧紧。对单板进行操作时务必戴上防静电手环，防静电手环配的金属夹子不能夹在防静电手环的接地引线上。

③在 GPS 避雷器上安装 GPS 避雷器路线时，如果 GPS 避雷跳线两端均为 SMA 弯头，为减少馈线弯曲，N 形弯式公头指向 1 点方向，同时要避免线缆遮挡单板槽位。

④在 eBBU 侧布放户外光缆前，应区分好各扇区，做好户外光缆两端的临时标签；尾纤从面板出来后自然下垂至走线导风插箱的走线槽，跟光纤弧度基本一致，适当预留一定余量，避免遮挡其他板卡的挺拔。

⑤光纤需要使用缠绕管保护，从户外光缆的黑色端头至 LC 插头外 10 cm 处之间的光纤必须用缠绕管缠绕。

二、认识 eRRU 的安装规范

eRRU 是 eBBU + eRRU 设备的射频单元部分，eRRU 设备可以放置在机房挂墙安装，也可以放置在天线端安装，以尽量节约馈线成本，减少馈线损耗。eRRU 分为直流 eRRU 和交流 eRRU，放置在靠近天面的 eRRU 和基站机房内安装的 eRRU 一般使用直流供电模式；如果是室内分布或者拉远 eRRU，不具备直流供电条件的场景，也可以采用交流电模式。eRRU 室内挂墙安装和前文所述的 eBBU 室内挂墙安装要求类似。eRRU 在室内安装要放在直线架的下方，为了方便 eRRU 的馈线、电源线和信号线走线，室内 eRRU 可以采取倒挂的方式进行安装。

室外安装的 eRRU 对安装环境、安装材料和施工环境的要求条件比较多，需要重点考虑。

1. 室外 eRRU 安装材质要求

安装 eRRU 的抱杆必须是热镀锌钢管且管径 ≥70 mm，也支持槽钢安装和等边角钢安装。满足槽钢宽度为 50 ～ 100 mm，等边角钢边长为 63 ～ 80 mm。

2. 室外安装位置要求

安装室外 eRRU 根据所处站点位置主要有 4 种情况：楼顶抱杆安装、铁塔天面和塔身安装、灯杆天面安装、H 杆安装。通常情况下楼顶抱杆站和铁塔站比较普遍，楼顶抱杆安装 eRRU 时需要注意抱杆的长度是否满足要求，铁塔站安装 eRRU 时需要注意 eRRU 的安装位置和防雷接地。灯杆天面安装和 H 杆安装的情况和铁塔安装类似。下面就此四种情况分别给出以下要求。

（1）楼顶抱杆站安装要求。

为保证设备悬挂安全和方便维护，eRRU 建议安装在抱杆 1/2 高度以下的位置，并靠近楼面内侧。

eRRU 的接口要求朝下，防止进水，接口下面要有 300 mm 以上的空间（建议 500 ～ 1000 mm），方便走线，如果天线抱杆不满足安装要求，eRRU 可以安装在单独的抱杆或墙壁内侧。挂墙安装的 eRRU 应安装在墙内侧，女儿墙必须为砖墙或水泥墙以提供足够的安装强度。eRRU 与 eBBU 之间连接的尾纤和电源线尽量沿楼顶走线或墙脚走线并且要有穿管保护。

（2）铁塔站安装要求。

当 eRRU 安装在铁塔上时，如果铁塔上有平台，建议 eRRU 安装在平台栏杆的内侧，如果铁塔上没有平台，建议 eRRU 安装在铁塔主杆上靠近塔身方便维护的位置。eRRU 也可与天线共抱杆安装，如果天线抱杆距离铁塔平台和塔身较远（超过60 cm），为保证 eRRU 安装位置靠近塔身，应单独安装符合距离要求的 eRRU 抱杆。eRRU 的机顶跳线可以选择定长 1/2″的跳线（2 m、3 m、5 m）。如果 eRRU 距离天线较远或者安装在塔身靠下的位置，则需现场制作馈线与天线连接，制作跳线时应满足如下选材原则：

①当 eRRU 到天线之间的馈线长度小于 20 m 时，选用 1/2″馈线，eRRU 与天线直接相连。

②当 eRRU 到天线之间的馈线长度大于 20 m 但小于 60 m 时，选用 7/8″馈线，且馈线两端采用定长跳线。

③当 eRRU 到天线之间的馈线长度大于 60 m 时，选用 5/4″馈线，且馈线两端采用定长跳线。

④当 eRRU 连接到智能天线时，建议 eRRU 距离天线的距离不超过 20 m，使用 1/2″的馈线作为连接。

为了保证 eRRU 设备的安全，eRRU 设备的接地线可以直接和塔身相连。此外也需要注意 eRRU 到天线之间的馈线接地。

①当馈线长度小于 5 m 时，不接地。

②当馈线长度大于 5 m 但小于 10 m 时，一处接地，接地位置在天线侧距离天线馈线接口处 2 m 内。

③当馈线长度大于 10 m 但小于 20 m 时，做两处接地，距离 eRRU 馈线接口的 2 m 范围内和距离天线馈线接口的 2 m 范围内。

④当馈线长度大于 20 m 但小于 60 m 时，需要进行第三处接地，接地点在下铁塔前 2 m 内或离开楼顶天面前 2 m 范围内。规范要求小于 60 m 时做两处接地，而实际工种中大于 20 m 小于 60 m 都是做三处接地，可按设计要求进行施工。

⑤当馈线长度大于 60 m 时，每增加 20 m 的馈线长度需要补充一处接地。

（3）灯杆站安装要求。

灯杆一般高度在 25 m 以上，如果采用 7/8″馈线不容易施工，采 1/2″馈线则馈线损耗偏大，通常将 eRRU 安装在灯杆顶部，使用 3 m 左右的跳线直接和天线连接。灯杆只能通过外壁的踏板或爬钉攀爬进行维护，为了降低损坏率，减小维护的难度，建议 eBBU 至 eRRU 之间的尾纤必须穿管保护或采用野战光缆。采用野战光缆及尾纤连接时，尽量使用终端盒而不要用熔纤盘，以增加维护可靠性，降低光纤损坏概率，天线要求使用电调天线，尽量减少后期维护工作量。

（4）H 杆站安装要求。

eRRU 应安装 H 杆平台附近位置，以保证设备的安装安全和便于维护。使用的跳线要求和光缆要求参考灯杆站和铁塔站。

【任务实施】

一、基站设备清点与检查

1．任务分析

相对于 2G/3G 系统，LTE 设备形态的变化较小，所以 LTE 设备的施工规范和 2G/3G 设备的施工规范区别不大；LTE 的基站建设需要考虑与其他系统及其运营商的共享共建，机房空间、机房承重、电源配套、接地系统等都要作充分的考虑。通过学习 eBBU、eRRU 的安装规范，能够掌握安装的流程，完成基站设备物资的清点与检查，填写验收单。

2．任务训练

在实训室设备间，通过分组的形式，对 LTE 基站的 eBBU、eRRU 设备进行观察，进行设备清点、安装检查，按验收规范进行设备验收，并完成任务记录表。

3. 任务记录

（1）基站设备清点。

基站设备清点清单

验收单位		站点名称		
监理单位		监理现场负责人		
设备验收是否通过		验收时间		
设备验收未通过原因				
代维公司		代维现场负责人		

序号	物资名称	单位	现场安装数量	品牌
1				
2				
3				
4				
5				
6				
7				
8				
9				
10				
11				
12				
13				
14				
15				
16				
17				
18				

（2）基站设备检查。

基站设备检查表

基站名称		工程自检日期：		验收日期：	
检查项目	检查项目	参照标准	工程自检结果	维护检查结果	备注
机房环境	＊密封情况（包括各类线管入口应用防火泥密封）	LTE 基站验收规范			
	环境卫生情况、是否有杂物堆放	LTE 基站验收规范			
	＊有无渗水（门窗、馈线入口、墙壁、天花、地板、空调管口）	LTE 基站验收规范			
机房配套设施	机房是否放置清洁工具、消防器材、应急灯、铝梯及防静电手镯	LTE 基站验收规范			
＊无线设备	无线机架、走线梯是否牢固、平稳	LTE 基站验收规范			
	走线梯上的各类线管布放是否牢固、美观	LTE 基站验收规范			
	信号线布放是否符合要求（所有信号线要放入走线槽，走线保持顺畅，不能有交叉和空中飞线）	LTE 基站验收规范			
	电源线布放是否符合要求（不能有交叉现象，不能与其他信号线捆扎在一起）	LTE 基站验收规范			
	所有与设备相连的连接线是否接触良好，不得有松动	LTE 基站验收规范			
＊eRRU	检查 eRRU 是否存在告警				
＊资产标签	现场实物是否相符，资产标签是否齐全、是否按设计容量进行粘贴，实物条码与资产条码对应关系必须正确。				

备注

1. 无线 LTE 验收依据：LTE 基站验收规范

2. 无线验收签证表必须现场验收现场签字工程存档，必须由现场验收人员亲自签字，不得有代签现象

3. 带＊号检查项为直接否决项，只要一项不符合要求，整站验收不通过。

4. 任务评价

评价项目	评价内容	分值	得分
实训态度	1. 积极参加技能实训操作	10	
	2. 按照安全操作流程进行操作	10	
	3. 遵守纪律	10	
实训过程	1. 能对基站设备物资进行清点并记录	10	
	2. 根据验收规范进行设备检查与验收	10	
实训报告	报告分析、实训记录	50	
合计		100	

5. 思考练习

(1) 当 eRRU 安装在铁塔上时，如果铁塔上有平台，建议 eRRU 安装在平台杆的（　　）。

A. 外侧　　　　　　　B. 内侧　　　　　　　C. 上面　　　　　　　D. 底部

(2) 当馈线长度大于 20 m 而小于 60 m 时，需要进行第（　　）处接地。

A. 1　　　　　　　　B. 2　　　　　　　　C. 3　　　　　　　　D. 6

(3) 当 eRRU 到天线之间的馈线长度大于 60 m 时，选用（　　）馈线。

A. 1/2″　　　　　　B. 7/8″　　　　　　C. 5/4″　　　　　　D. 4/5″

(4) eBBU 的首选安装方式是（　　）。

A. 19″机架安装　　B. 挂墙安装　　　　C. 简易安装　　　　D. 以上都是

(5) eBBU 挂墙安装是两侧预留不小于（　　）空间，便于散热。

A. 200 mm　　　　B. 700 mm　　　　C. 100 mm　　　　D. 60 mm

项目三　LTE 网络天馈系统安装与维护

【项目场景】

　　完成室内的硬件安装，现在开始室外的天馈系统的学习。对于 4G 移动通信技术，其中的天馈系统是无线网络规划和优化中关键的一环，包含天线和与之相连传输信号的馈线。天馈系统的各种工程参数在进行网络优化和规划时的设计是影响网络质量的根本因素。因此，理解、学习天馈系统的基本知识是非常重要的。

【项目安排】

任务名称	任务 1　认识 LTE 网络天馈系统	建议课时	6
教学方法	讲解、讨论、自主探索	教学地点	实训室
任务内容	1. LTE 网络天馈系统的组成 2. 认识移动基站开线		
任务名称	任务 2　LTE 网络天馈系统的安装	建议课时	6
教学方法	讲解、讨论、自主探索	教学地点	实训室
任务内容	1. 移动通信系统天线的安装 2. 移动通信系统馈线的安装		
任务名称	任务 3　LTE 网络天馈系统的维护	建议课时	4
教学方法	讲解、讨论、自主探索	教学地点	实训室
任务内容	1. 天馈系统的定期检查和维护 2. 天馈系统的故障分析与判定		

学习任务 1　LTE 网络天馈系统

【学习目标】

　　1. 能叙述基站天馈系统的基本组成

　　2. 能描述天线的基本特性参数

　　3. 会描述传输线的基本特性

【知识准备】

一、LTE 网络天馈系统的组成

基站天馈系统的配置同网络规划紧密相关。网络规划决定了天线的布局、天线架设高度、天线下倾角、天线增益及分集接收方式等。天馈系统主要组成部分有天线、馈线、室内设备和室外设备、跳线等，如图 3-1 所示。

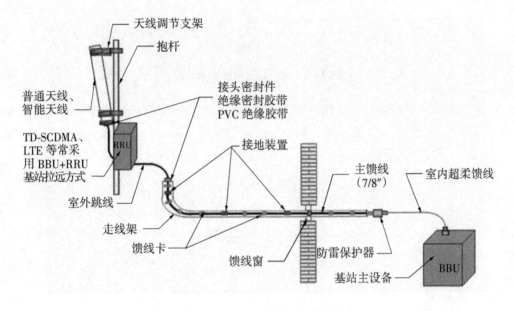

图 3-1　基站天馈系统组成示意图

二、认识移动基站天线

1. 认识天线

天线就是把从导线上传下来的电信号作为无线电波发射到空间，收集无线电波并产生电信号。可描述为：发射时，把传输线中的高频电流转换为电磁波；接收时，把电磁波转换为传输线中的高频电流。

任何一根导线都可以做天线，能产生辐射的导线称为振子。对于天线来说，其基本单元为半波振子，振子是构成天线的基本单位。当导线载有交变电流时，就可以形成电磁波的辐射，辐射的能力与导线的长短和形状有关。

在理论上，如果导线无限小时，就形成线电流元，线电流元又称为基本电振子。而天线的辐射场强就是线电流元的场强叠加，因此，天线的辐射能力是随着天线的长度变化而变化的。

根据麦克斯韦方程，考虑线电流元远区场（辐射区）的情况，当两根导线的距离很接近，两导线所产生的感应电动势几乎可以抵消，因而此时产生的总的辐射很微弱。如果将两根导线张开，这时由于两导线的电流方向相同，由两导线所产生的感应电动势方向相同，因而此时产生的辐射较强，如图 3 - 2 所示。

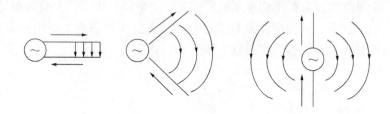

图 3 - 2　天线辐射电磁波示意图

当两根导线的粗细和长度相等时，这样的振子叫作对称振子。当振子的每臂长度为 1/4 波长，全长为 1/2 波长时，称为半波对称振子，如图 3 - 3 所示。全长与波长相等的振子，称为全波对称振子。将振子折合起来的，称为折合振子。

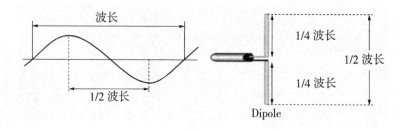

图 3 - 3　半波对称振子

对称振子是一种经典的迄今为止使用最广泛的天线，单个半波对称振子可单独地使用或用作抛物面天线的馈源，也可采用多个半波对称振子组成天线阵。

（1）天线的基本特性。

①天线的方向图和能量辐射方向。

在实际的工程中，往往需要天线只接收或只向某一方向发射，即具有方向性的天线。天线的方向性就是指天线向一定方向辐射电磁波的能力。对于接收天线，方向性表示天线对不同方向传来的电波具有的接收能力。天线的方向性的特性曲线通常用方向图来表示，如图 3 - 4 所示，这就是工程意义上的典型的方向图。方向图又分为水平方向图和垂直方向图两种。

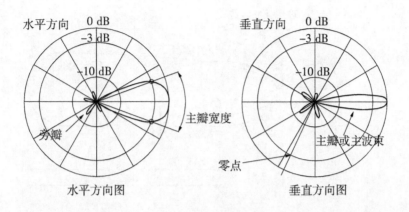

图 3-4　天线的方向图

方向图可用来说明天线在空间各个方向上所具有的发射或接收电磁波的能力。一个单一的对称振子的方向图如图 3-5 所示，对称振子具有"面包圈"形的方向图。

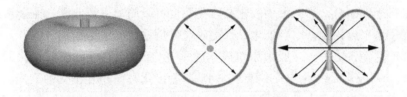

图 3-5　天线立体方向图、水平方向图及垂直方向图

为了把信号集中到所需要的地方，要求把"面包圈"压成扁平的，在水平方向的能量就大大增加，增加的能量称为"天线的增益"。

②天线的增益。

天线作为一种无源器件，其增益是用来表示天线集中辐射的程度，是指在输入功率相等的条件下，实际天线与理想的辐射单元在空间同一点处所产生的场强的平方之比，即功率之比。增益一般与天线方向图有关，方向图主瓣越窄，后瓣、副瓣越小，增益越高。表示天线增益的单位主要有两个：dBd 和 dBi。

dBi 用于表示天线在最大辐射方向场强相对于全向辐射器的参考值；dBd 是相对于半波振子天线参考值。两者之间的关系为 dBi = dBd + 2.17，如图 3-6 所示。

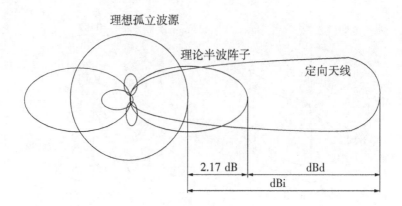

图 3 - 6　天线增益示意图

③天线的极化方向。

极化是描述电磁波场强者矢量空间指向的一个辐射特性，天线的极化就是指天线辐射时形成的电磁场的电场方向。当电场方向垂直于地面时，称为垂直极化波；当电场方向平行于地面时，称为水平极化波。我们也可以简单进行判断，主要看振子的方向，如振子水平放置就是水平极化，垂直放置就是垂直极化。

在移动通信系统中，一般采用单极化的垂直化天线和 +45°的双极化天线，如图 3 - 7 所示，双极化天线组合了 +45°和 -45°两副极化方向相互正交的天线，并同时工作在收发双工模式，大大节省了每个小区的天线数量，同时由于 +45°为正交极化，有效保证了分集接收的良好效果，其极化增益约为 5 dB，比单极化天线提高约 2 dB。

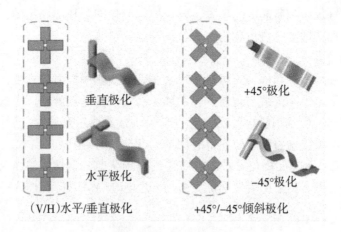

图 3 - 7　水平/垂直极化、 +45°/ -45°双极化

④天线的波瓣宽度。

在方向图中通常都有两个瓣或多个瓣，其中最大的瓣称为主瓣，其余的瓣称为副

瓣。主瓣两半功率点间的夹角定义为天线方向图的波瓣宽度。称为半功率波瓣宽度（3 dB 波瓣宽度），也称为半功率角。主瓣瓣宽越窄，则方向性越好，抗干扰能力越强。3 dB 波瓣宽度如图 3 – 8 所示。

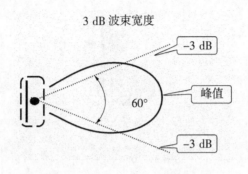

图 3 – 8　3 dB 波瓣宽度

⑤天线的前后比。

天线的前后比表示天线对后瓣抑制的好坏。在方向图中，前后瓣最大功率之比称为前后比，如图 3 – 9 所示。前后比大，天线定向接收性能就好。基本半波振子天线的前后比为 1，所以对来自振子前后的相同信号电波具有相同的接收能力。前后比低的天线，后瓣可能产生越区风覆盖，导致切换关系混乱，易掉话。

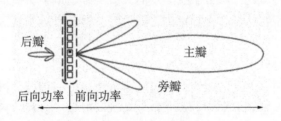

图 3 – 9　天线前后比

⑥天线的下倾角。

天线的下倾角是指电波的倾角，并不是指天线振子的机械上的倾角。倾角主要反映天线接收的哪个高度角来的电波最强。为加强对基站附近区域的覆盖，尽可能地减少盲区，同时尽量减少对其相邻基站的干扰，天线应避免过高架设，同时应采用天线下倾方式，使波束指向朝向地面。一般天线有两种下倾方式：机械下倾和电子下倾，如图 3 – 10 所示。

机械下倾是利用天线系统的硬件结构调整安装螺母使天线不再垂直安装，而是下倾指向地面。这种天线在调试下倾角时必须注意，因为这会干扰小区覆盖形状并且可能发生无法预计的反射。

电子下倾是利用相控阵天线原理，采用赋形波束技术，调整天线各单元的相位，使综合后的天线波形近似于余割平方函数而产生下倾的效果。这种天线的安装是垂直的，但天线的波束是指向地面的。

无下倾　　　　　　　　电子下倾　　　　　　　　机械下倾

图 3 – 10　下倾方式

（2）基站天线的类型。

移动通信基站常用的天线有全向天线、定向天线、特殊天线、多天线系统、智能天线等。

①全向天线的增益一般为 6 ～ 9 dBd（大多为 11 dBi），它的半功率角度为 360°，通常用于覆盖农村和郊区。

②定向天线的典型增益为 9 ～ 16 dBd（大多为 18 dBi），定向天线做成的小区为扇形小区，可以改善覆盖并降低干扰。定向天线的方位角半功率角通常有 60°和 120°。

③特殊天线用于特殊场合，如室内、隧道等，通常有分布式天线系统、泄漏同轴电缆等。

④多天线系统是许多单独天线形成的合成辐射方向图。这种系统最简单的应用是在塔上相反方向装两个方向的天线，通过功率分配器——馈电。其目的是用一个小区来覆盖大的范围。但得到的空间分集非常复杂，一般用于农村地区不能使用全向天线的地方。

⑤智能天线利用数字信号处理技术，采用了先进的波束切换技术和自适应空间数字处理技术，产生空间定向波束，使天线主波束对准用户信号到达方向，旁瓣或零陷对准干扰信号到达方向，达到充分高效利用移动用户信号并删除或抑制干扰信号的目的。智能天线分为两大类：自适应天线阵列和多波束天线。

自适应天线阵列一般采用 4 ～ 16 天线阵元结构，阵元间距一般取半波长。阵元分布方式有直线型、圆环型和平面型。自适应天线阵列是智能天线的主要类型，可以实现全向天线，完成用户信号接收和发送。自适应天线阵列系统采用数字信号处理技术识别用户信号到达方向，并在此方向形成天线主波束。自适应天线阵列根据用户信号的不同空间传播方向提供不同的空间信道，等同于信号有线传输的线缆，有效地克服了干扰对系统的影响。

多波束天线利用多个并行波束覆盖整个用户区，每个波束的指向是固定的，波束宽度也随阵元数目的确定而确定。随着用户在小区中的移动，基站选择不同的相应波束，使接收信号最强。因为用户信号并不一定在固定波束的中心处，当用户位于波束边缘，干扰信号位于波束中央时，接收效果最差，所以多波束天线不能实现信号最佳接收，一般只用作接收天线。但是与自适应天线阵列相比，多波束天线具有结构简单、无需判定用户信号到达方向的优点。

（3）移动通信系统天线的选型。

根据地形或话务分布情况可以把天线使用的环境分为市区、郊区、农村、公路、山区、隧道、室内等几种类型。

①市区基站天线选择。市区环境中，基站分布较密，每个基站覆盖范围小，要尽量减少越区覆盖，减少基站间的干扰，提高频率复用率。

②农村基站天线选择。农村环境基站分布稀疏，话务量较小，覆盖要求广。有的地方周围只有一个基站，应结合基站周围需覆盖的区域来考虑天线的选型。一般情况下是希望在需要覆盖的地方能通过天线选型来得到更好的覆盖。

③郊区基站天线选择。郊区的应用环境介于城区与农村之间，基站数量不少，频率复用较为紧密，这时覆盖与干扰控制在天线选型时都要考虑。而有的地方可能更接近农村地方，覆盖成为重要因素。因此在天线选型方面可以视实际情况参考城区及农村的天线选型原则。在郊区，情况差别比较大。可以根据需要的覆盖面积来估计大概需要的天线类型。

④公路覆盖基站天线选择。公路覆盖环境下话务量低、用户高速移动，此时重点解决的是覆盖问题。而公路覆盖与大中城市或平原农村的覆盖有着较大区别，一般来说它要实现的是带状覆盖，故公路的覆盖多采用双向小区；在穿过城镇、旅游点的地区也综合采用三向、全向小区；再由于不同的公路环境差别很大，所以对其无线网络的规划及天线选型时一定要在充分勘查的基础上具体对待各段公路、灵活规划。就是强调广覆盖，要结合站址及站型的选择来决定采用的天线类型。在初始规划进行天线选型时，应尽量选择覆盖距离广的高增益天线进行广覆盖，在覆盖不到的盲区路段可选用增益较低的天线进行补盲。

⑤山区覆盖基站天线选择。在偏远的丘陵山区，山体阻挡严重，电波的传播衰落较大，覆盖难度大。通常为广覆盖，在基站很广的覆盖半径内分布零散用户，话务量较小。基站或建在山顶上、山腰间、山脚下或山区里的合适位置。需要区分不同的用户分布、地形特点来进行基站选址、选型、选择天线。

⑥近海覆盖基站天线选择。对近海的海面进行覆盖时，覆盖距离将主要受三个方面的限制，即地球球面曲率、无线传播衰减、TA 值的限制。考虑到地球球面曲率的影响，对海面进行覆盖的基站天线一般架设得很高，超过 100 米。

⑦室内覆盖基站天线选择。关于室内覆盖，通常是建设室内分布系统，将基站的

信号通过有线方式直接引入到室内的每一个区域，再通过小型天线将基站信号发送出去，从而消除室内覆盖盲区，抑制干扰，为室内的移动通信用户提供稳定、可靠的信号。室内分布系统主要由三部分组成：信号源设备（微蜂窝、宏蜂窝基站或室内直放站）；室内布线及其相关设备（同轴电缆、光缆、泄漏电缆、电端机、光端机等）；干线放大器、功分器、耦合器、室内天线等设备。

⑧隧道覆盖基站天线选择。一般隧道外部的基站不能对隧道进行良好覆盖，这种应用环境下话务量不大，也不会存在干扰控制的问题，主要是天线的选择及安装问题，在很多情况下大天线可能会由于安装受限而不能采用。对不同长度的隧道，基站及天线的选择有很大的差别。另外，还要注意隧道内的天线安装调整维护十分困难。

2. 馈线

（1）馈线的基本概念。

连接天线和基站输出（或输入）端的导线称为传输线或馈线。传输线的主要任务是有效地传输信号能量。因此它应能将天线接收的信号以最小的损耗传送到接收机输入端，或将发射机发出的信号以最小的损耗传送到发射天线的输入端，同时它本身不应拾取或产生杂散干扰信号。这样，就要求传输线必须屏蔽或平衡。

（2）馈线的基本特性。

①馈线的特性阻抗。无限长传输线上各点电压与电流的比值等于特性阻抗，用符号 Z_0 表示。同轴电缆的特性阻抗通常为 $Z_0 = 50\ \Omega$ 或 $75\ \Omega$。

馈线特性阻抗与导体直径、导体间距和导体间介质的介电常数有关，与馈线长短、工作频率以及馈线终端所接负载阻抗大小无关。

②馈线衰减常数。

信号在馈线里传输，除有导体的电阻损耗外，还有绝缘材料的介质损耗。这两种损耗随馈线长度的增加和工作频率的提高而增加。因此，应合理布局，尽量缩短馈线长度。损耗的大小用衰减常数表示，单位用 dB/米或 dB/百米表示。

③反射损耗和电压驻波比。

当馈线和天线匹配时，高频能量全部被负载吸收，馈线上只有入射波，没有反射波。馈线上传输的是行波，馈线上各处的电压幅度相等，馈线上任意一点的阻抗都等于它的特性阻抗。

而当天线和馈线不匹配时，也就是天线阻抗不等于馈线特性阻抗时，负载就不能全部将馈线上传输的高频能量吸收，而只能吸收部分能量。入射波的一部分能量反射回来形成反射波。

在不匹配的情况下，馈线上同时存在入射波和反射波。两者叠加，在入射波和反射波相位相同的地方振幅相加最大，形成波腹；而在入射波和反射波相位相反的地方振幅相减为最小，形成波节。其他各点的振幅则介于波幅与波节之间。这种合成波称为驻波。反射波和入射波幅度之比叫作反射系数。

$$反射系数 \Gamma = \frac{反射波幅度}{入射波幅度} = \frac{(Z - Z_0)}{(Z + Z_0)}$$

其中，Z——传输线特性阻抗；

　　　Z_0——负载阻抗。

回波损耗是反射系数绝对值的倒数，以 dB 值表示。RL = 10lg（前向功率/反射功率）。回波损耗越大表示匹配越好，回波损耗越小表示匹配越差。0 表示全反射，无穷大表示完全匹配。通信中一般要求回波损耗大于 14 dB。

驻波波腹电压与波节电压幅度之比称为驻波系数，也叫电压驻波比（VSWR），简称驻波比。电压驻波比和回波损耗都是相同参数的一种测量方法，也是连接器反射的信号数量，是影响连接器信号效率的一个重要因素。

$$驻波系数 s = \frac{驻波波腹电压幅度最大值 V_{max}}{驻波波节电压幅度最小值 V_{min}} = \frac{(1 + \Gamma)}{(1 - \Gamma)}$$

一般地说，移动通信天线的电压驻波比应小于 1.5，但实际应用中 VSWR 应小于 1.3。过大的驻波比会减小基站的覆盖并造成系统内干扰加大，影响基站的服务性能。

如图 3-11 所示，天线特性阻抗为 50 Ω，天线输入阻抗为 80 Ω，当馈线上传输 10 W 功率的信号时，有 0.5 W 功率被反射，9.5 W 功率以天线向外电磁波形式辐射，即反射系数 Γ =（80-50）/（80+50）= 0.23，回波损耗 RL = 10lg（前向功率/反射功率）= 10lg(10/0.5) = 13(dB)，电压驻波比(VSWR) = (1+0.23)/(1-0.23) = 1.6。

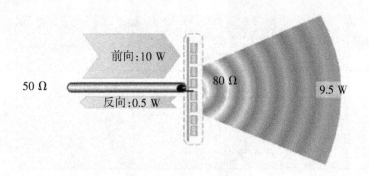

图 3-11　天线与馈线不匹配时的反射损耗

【任务实施】

一、LTE 基站天线的分类与选型

1. 任务描述

天线的选择是决定网络质量的一个重要部分。我们应根据基站服务区内的覆盖、服务质量要求、话务分布、地形地貌等条件，并综合考虑整网的覆盖、干扰情况来选

择天线。

2. 任务训练

通过"知识准备"内容的学习，试选择不同的场景选择天线类型，并进行记录。

3. 任务记录

（1）写出常见天线的应用场景（表3-1）。

表3-1

天线类型	适用场景
定向智能天线	
全向智能天线	
普通定向天线	
室内吸顶天线	
室内壁挂天线	

（2）在相关的图片下面选写出天线的名称。

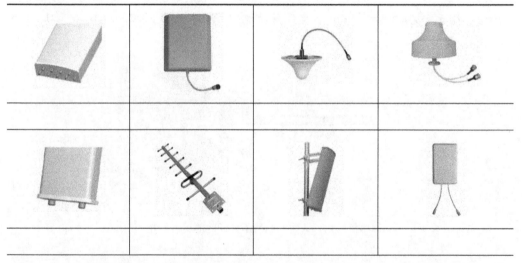

选项：八木天线、定向扇区天线、室内双极化吸顶天线、室内双极化壁挂天线、双极化智能天线、两通道双极化天线、室内吸顶天线、室内壁挂天线、全向天线

（3）写出不同场景的天线对应参数（表3-2）。

表 3 – 2

参数 ＼ 场景	市区	农村	郊区	公路	山区	近海	室内	隧道
极化方式								
方向图								
天线增益								
下倾角								
下倾方式								

4. 任务评价

评价项目	评价内容	分值	得分
实训态度	1. 积极参加技能实训操作	10	
	2. 按照安全操作流程进行操作	10	
	3. 遵守纪律	10	
实训过程	1. 能叙述基站天馈系统的基本组成	10	
	2. 能描述天线的基本特性参数	10	
	3. 会描述传输线的基本特性	10	
实训报告	报告分析、实训记录	40	
合计		100	

5. 思考练习

（1）室外跳线常用的跳线采用（　　）馈线。

A. 7/8″　　　　　　B. 1/2″　　　　　　C. 5/4″　　　　　　D. 4/5″

（2）在市区基站覆盖基站天线时，一般选用下倾方式为（　　）的天线。

A. 机框下倾　　　B. 预置电下倾　　　C. 无下倾　　　D. 30°下倾

（3）天线增益表示单位为（　　）。

A. dBm　　　　　B. dB　　　　　　C. dBi　　　　　D. dBv

学习任务 2　LTE 天馈系统的安装

【学习目标】

1. 能制作适合要求的馈线头
2. 能描述天线安装步骤及注意事项
3. 能描述天馈线安装步骤及注意事项
4. 能通过天馈设备安装规范，对设备进行检查并验收

【知识准备】

一、移动通信系统天线的安装

1. 全向天线

铁塔顶平台安装全向天线时，天线水平间距必须大于 4 m。全向天线安装于铁塔塔身平台上时，天线与塔身的水平距离应大于 3 m。同平台全向天线与其他天线的间距应大于 1.5 m。

上下平台全向天线的垂直距离应大于 1 m。天线的固定底座上平面应与天支的顶端平行（允许误差 ±5 cm）。全向天线安装时必须保证天线竖直（允许误差 ±0.5°）。

安装步骤：

①将天线下部护套靠近支架主干，护套顶端应与支架顶部齐平或略高出支架顶部。

②用天线固定夹将天线下部护套与支架主干两点固定，松紧程度应确保承重与抗风，且不会松动；也不宜过紧，以免压坏天线护套。

③检查天线垂直度，全向天线一定要保持垂直。确认天线垂直后，再进行天线在天线抱杆上的紧固。

④安装好天线的支架伸出铁塔平台，调整伸出的天线支架，确保天线垂直。

2. 定向天线

同一小区两根单极化天线在辐射方向上间距应大于 4 m（最小不小于 3.5 m），而相邻小区间两根天线间距应大于 0.5 m，上下平台间天线垂直分极距离应大于 1 m。另外，天线安装时，天支顶端应高出天线上安装支架顶部约 20 cm。

天线安装完成后，必须保证（定向）天线在辐射面方向上天线的水平瓣宽角度范围内，无任何障碍物阻挡或影响。同时应确保同一小区两根单极化天线的方位角和俯仰角相同。

（1）安装步骤。

①支架安装。用螺栓、平垫、螺母将 U 型槽夹板安装在角臂座上。如图 3 – 12 所示。

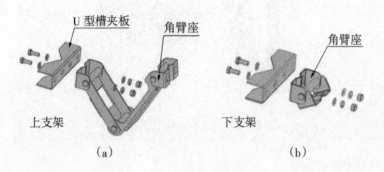

图 3 – 12　支架安装

②安装支架至天线。用螺栓、平垫、螺母将上支架、下支架安装在天线安装板上。如图 3 – 13 所示。

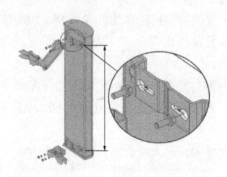

图 3 – 13　安装支架至天线

③安装天线。安装天线至抱杆，使上支架、下支架的夹板和 U 型槽夹板抱住抱杆，将螺栓穿过上述夹板的安装孔，然后套入平垫和螺母并锁紧螺母。再根据上支架上的角度标签，将天线调整至所需的下倾角，如图 3 – 14 所示。下倾角调节好之后，旋紧节点处的螺母，天线安装结束。

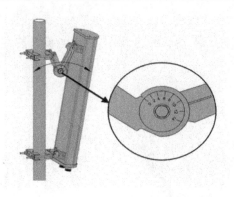

图 3 - 14　天线调整下倾角

（2）安装注意事项。

①天线的接口是天线和跳线的连接口，并非承重口。安装时不能直接和 7/8″馈线连接，应先与 1/2″跳线连接，再连接 7/8″馈线。

②严禁用天线和 7/8″馈线直接相连，并用天线吊装馈线，选用 1/2″跳线时，根据铁塔及安装平台的规格选用 1.5 m、2.0 m、3.0 m、5.0 m、6.0 m 等相应规格的 1/2″跳线，以确保网络优化中天线的方位角和俯仰角有充足的调整余地。

③天线的方位角必须和设计相符合（允许误差 ±5°），天线的俯仰角必须和设计相符合（允许误差 ±0.5°）。

④天线安装在楼顶围墙上时，天线底部距离围墙最高部分应大于 50 cm。

⑤安装楼顶桅杆站，天线到楼面的夹角应大于 60°，楼面不应对天线的覆盖方向造成阻挡。

⑥直放站中的施主天线和重发天线应满足水平距离大于等于 30 m，垂直距离大于等于 15 m。

3．GPS 天线

GPS 天馈系统的功能是接收 GPS 卫星的导航定位信号，并解调出频率和时钟信号，以供给基站各相关单元。TD-LTE 需要精确同步的系统，同步信号主要是通过 GPS 的时钟来提供。

GPS 天线为全向天线，应安装在较开阔的位置上，保证周围俯仰角 30°内不能有较大的遮挡物（如树木、铁塔、楼房等）；为避免反射波的影响，GPS 天线尽量远离周围尺寸大于 20 cm 的金属物 2 m 以上；应尽量将 GPS 天线安装在安装地点的南边；应避免其他发射天线的辐射方向对准 GPS 天线，与基站天线垂直距离大于 3 m；当有两个或多个 GPS 天线安装时要保持 2 m 以上的间距；GPS 抱杆与铁塔的水平距离为 30 cm。

（1）安装步骤。

①将馈线的一端穿过支撑管，拧到 GPS 天线的 N 型头上，再把支撑管拧到 GPS

天线内，并拧紧；

②将支撑管固定于抱杆上；

③用胶带将线缆和支撑管下端固定；

④将线缆固定于抱杆上，GPS 天线接头与固定点的线缆长度应留有一定余量（可以取 10 cm 或更长）。

（2）安装位置。

GPS 天线常见安装方式有落地安装、铁塔安装、女儿墙安装和邮杆安装等。GPS天线宜安装在避雷针 45°保护范围内，GPS 天线抱杆与铁塔保持至少 1 m 距离，倾斜不超过 2°，抱杆应接地。GPS 天线不是区域内最高点，与任何天线间隔至少 2 m。

GPS 天线正确和错误的安装位置如图 3 – 15 所示。

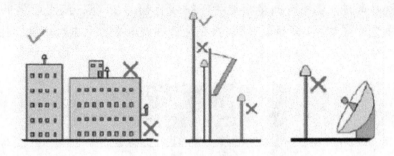

图 3 – 15 GPS 天线正确和错误的安装位置

二、移动通信系统馈线的安装

1. 跳线和天线的连接密封

天线跳线可在天线安装在抱杆之前连接好，并进行防水处理，可减少高空作业时间，并提高接头连接和防水质量。

（1）安装步骤。

①将天线跳线接头对准天线接口，拧牢；

②对接头进行防水处理。

（2）防水处理步骤。

①首先用防水胶带从天线接头根部开始缠绕，用手握捏胶带，使胶带和粘接体紧密粘贴，缠绕方向要和天线跳线紧固方向一致。

②在缠绕过程中，防水胶带需拉伸约两倍长度，并1/2 覆盖缠绕，一直覆盖到馈线接头底部约 5 cm 处。

③最后在防水胶带外部缠绕 PVC 胶带，缠绕时上层 1/2 覆盖下层胶带。如图 3 –16 所示。

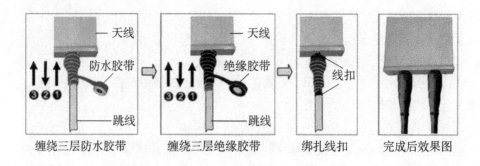

缠绕三层防水胶带　　缠绕三层绝缘胶带　　绑扎线扣　　完成后效果图

图 3 - 16　防水处理步骤

2. 制作跳线滴水弯

制作滴水弯时，跳线弯曲半径要大于跳线直径的 20 倍，滴水弯最低处与馈线窗最低处垂直落差大于 100 mm。跳线要在抱杆和铁塔平台上进行多处绑扎固定。如图 3 - 17 所示。

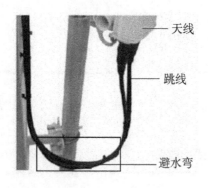

图 3 - 17　滴水弯

3. 跳线馈线连接密封

天馈系统室外跳线连接部分及馈线接地卡部分的防水密封，是天馈安装过程中重要环节。天线和主馈线之间需要安装较细的 1/2″跳线进行转接，1/2″跳线和馈线的连接与密封步骤如下：

（1）将天线跳线与主馈线接头连接好后并拧紧；

（2）截取大约 200 mm 防水自粘胶带，缠绕防水自粘胶带时，首先应从接头连接处较低的地方开始，用大约 200 mm 胶带填充低洼部分，缠绕过程中需将自粘胶带拉伸一倍长度。缠绕方向需和馈头拧紧方向一致，避免缠绕过程中使连接馈头松脱。

（3）从下往上逐层缠绕，然后从上往下逐层缠绕，上一层覆盖下一层 1/3 左右，这样可防止雨水渗漏，最后再从下往上逐层缠绕，共缠三层。逐层缠绕防水胶带时，不要截断胶带。

（4）胶带缠绕长度要超过馈头约 20 mm。缠绕完防水自粘胶带后，需用双手握捏，确保胶带和馈线、馈头粘合牢固。如图 3 – 18 所示。

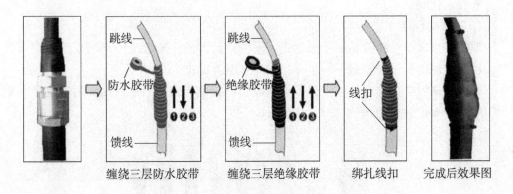

缠绕三层防水胶带　　　缠绕三层绝缘胶带　　　绑扎线扣　　　完成后效果图

图 3 – 18　跳线和馈线的连接与密封步骤

4. 馈线安装

（1）馈线路由的确定，测量。

在工程安装施工阶段，馈线的路由应根据工程设计图纸中的馈线走线图来确定，若馈线的路由因为实际情况需要变更，则应尽快和客户进行协商提早解决，但要注意主馈线的长度应尽可能短。

（2）馈线的吊装、裁截，馈线标签的粘贴。

馈线一般都是用滚装运到安装现场的，在现场应该根据和用户商定的最终路由重新准确测量主馈线长度，并根据每根馈线所需长度再加上 3 m 的工程余量对馈线进行裁截。在裁截过程中，主馈线两头应同时做标签，标明长度和顺序号，馈线中间可多粘贴临时标签（如 ANT1、ANT2 等），标签必须一致，否则容易造成接线混乱，导致扇区不对应。

吊装过程中一定要注意人身安全，切忌粗暴操作，以免碰伤或磨破主馈线外皮，单根主馈线的局部损坏会导致整根馈线报废。

（3）制作馈线接头。

馈线接头的制作是天馈安装工程中最主要的环节，制作质量好坏，直接影响设备运行和网络质量。

馈线接头制作要求：

①馈线切割口处内外导体必须平整光滑，不起毛刺，馈线内外导体表面不能有凹陷，绝缘层表面和内导体内不能残留有任何金属碎屑。

②接头必须拧紧，在馈线上用人手大力拧动，应不能出现松动的情况，接头连接处应紧密，间隙不能大于 0.5 mm。

③馈线皮切削处的内导体表面应无明显和深的切割或划痕。

④接头包装内的所有配件必须全部使用到位，不能遗漏和少装。

⑤接头包封必须严密不进水。

⑥驻波比测试小于1.1。

（4）粘贴色环。

通过在馈线、跳线上粘贴不同颜色、不同数量的色环来区分不同的扇区和射频通路。粘贴的原则：设计规划——事先粘贴——事后检查。

粘贴色环缠绕方向必须一致，不能错位，每道色环绕两三层，相邻两道色环间距为 10～15 mm。粘贴色环如图 3-19 所示。

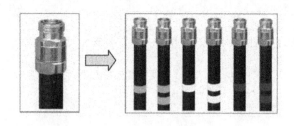

图 3-19　粘贴色环

典型的配置方案如表 3-3 所示。

表 3-3　色环典型配置方案

扇区	主集	分集
1	红色 2 道	红色 1 道
2	黄色 2 道	黄色 1 道
3	蓝色 2 道	蓝色 1 道

（5）馈线的安装。

做好馈线接头和馈线接地夹，馈线要用馈线卡固定在室外走线架上，每隔0.8 m固定一排馈线卡；主馈线尾部一定要接避雷器，避雷器需安装在室内距馈线窗尽可能近的地方（建议1 m内），宏基站设计有防雷接地铜板，接地铜板须接室外防雷地；馈线布放不得交叉、扭曲，要求入室行、列整齐、平直，弯曲度一致；弯曲点尽可能少（建议不超过3个），不接触尖锐的物体；入室处馈线应做防水弯，切角大于60°且必须大于馈线的最小弯曲直径。

5．主馈线穿入机房

主馈线入室主要有以下两种方式，如图 3-20 所示。

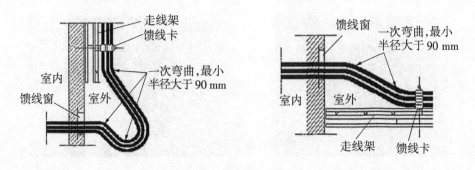

图 3-20　馈线入室示意图

主馈线入室的安装步骤：

（1）馈线进入机房，要保证馈线不会将雨水引入机房，必要时需要做滴水弯。如图 3-21 所示。

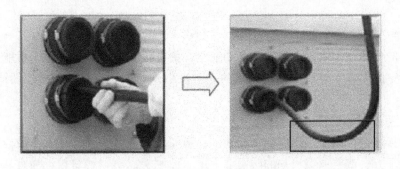

图 3-21　馈线进入机房做滴水弯

（2）在室内、室外走线架之间的机房外墙壁上需安装馈线窗，馈线窗密封垫片、密封套可在主馈线引入室内时一起安装。若主馈线窗须安装在楼顶天面，这时应注意密封和防水问题，可用沥青或玻璃胶进行密封。馈线窗有 4 孔，最多可以安装 12 根馈线，馈线通过馈线窗进入机房，室内、室外部分都必须有走线架导入。

（3）拧松馈线窗上的密封紧固件紧固喉箍到适当位置，把需要穿馈线的小孔密封盖拔掉。

（4）将馈线拉入机房：馈线从室外走线架进入室内走线架时，需要室内、室外两位人员一起配合；避免主馈线进入机房时伤及室内设备，避免外部馈线在安装过程中因用力不当而受损。馈线拉到位后拧紧紧固喉箍。如图 3-22 所示。

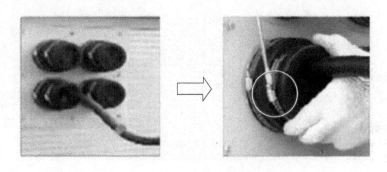

图 3 - 22　拧紧紧固喉箍

（5）馈线密封窗的防水密封处：将两个半圆形的馈窗密封套套在馈线密封窗的大孔外侧，把两根钢箍箍在密封套的两条凹槽中，用螺丝刀拧紧箍上的紧固螺丝，使钢箍将密封套箍紧，然后在馈线密封窗的边框四周注入玻璃胶，并用专用的塞子将未使用的孔塞紧。

6．基站的接地系统

接地的目的在于保障人体和设备的安全，提高设备抗击外来电磁干扰能力。接地系统包括室内部分、室外部分和建筑的地下接地网，主要有接地铜排、馈线接地卡、避雷器。

（1）室外接地铜排的安装。

室外接地铜排主要是用作防雷接地，一般安装在馈线窗外墙壁上，最佳位置为馈线窗的正下方，或楼顶馈线井的防雨墙面上。原则上以离馈线窗较近为宜。在现场实际安装中，首先应根据工程设计图纸要求确定接地铜排的安装位置；然后用膨胀螺栓将接地铜排安装在墙壁上。

（2）馈线接地卡安装。

①通常每根主馈线都应至少有三处避雷接地，位置分别为：在铁塔平台处、主馈线离开铁塔至室外走线架处、主馈线入室之前。当主馈线长度超过 60 m 时，还应在主馈线中间增加避雷接地夹，一般为平均 20 m 安装一处。

②在楼顶安装的天馈系统、天线支架、新装走线架均须焊接到建筑物避雷网上。馈线也需三点接地，位置分别为：馈线离开天线抱杆处、馈线离开楼顶天面处、馈线进入机房处。

③主馈线从楼顶沿墙入室时，网络运营商所做的室外走线梯必须接地。

（2）避雷器的安装。

①室内避雷器的安装。

避雷器的外形及安装位置如图 3 - 23 所示。一般在馈线入室后 800 ～ 1500 mm 处截断馈线，因此避雷器的安装位置也就相对固定，现场实际施工时，应根据工程设计图纸要求进行施工。

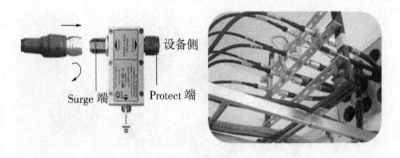

图 3-23 避雷器的外形及安装位置

将避雷器安装到避雷器架上，确保牢固并且和避雷器架紧密接触。安装时注意要朝向一致。避雷器 DIN-M（公头）接主馈线，避雷器 DIN-F（母头）接机顶跳线。

避雷器架只是物理上安装在室内，其接地线应连接到室外接地铜排上，不得和室内走线架导体相接触。避雷器架自身有和走线架绝缘的胶粒。

②GPS 系统的避雷器安装。

安装在 GPS 天线和 BBU 之间，避雷器需使用 6 mm² 的接地线连接到室外接地铜排，对于安装有避雷器架的基站，可将 GPS 避雷器固定安装到避雷器架上。如 GPS 避雷器固定在机柜内，可使用 6 mm² 接地线与安装机柜内的接地点接地。

【任务实施】

一、馈线接头的制作

1. 任务分析

在工程施工和维护抢修及整改工作中，施工人员往往需要统一馈线接头的制作方法和提高馈线接头的制作工艺水平，为避免因工具或人为原因导致的天馈线系统驻波比过高，造成网络性能下降和引起隐性故障，特制定本工作任务。现以制作 7/8″馈线头为例，说明馈线接头的制作过程。

2. 任务训练

制作 7/8″馈线、DIN 直式母型连接器需要用到的配件如图 3-24 所示。

制作过程如下：

（1）选取适合的长度制作接头，将多余的馈线用细齿小手锯锯掉或用馈线刀切掉，断面要保持平整。

（2）确定制作接头段的馈线没有弯曲的情况，必须是直的，不直的部分需校直，校直段馈线的长度不小于 15 cm。

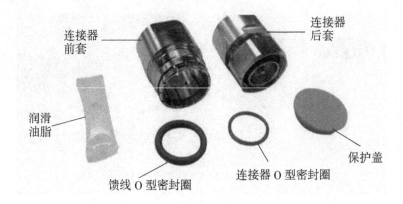

图 3 - 24　馈线头配件

（3）选择在将要制作接头馈线断口 5 mm 处的一圈馈线波纹的波谷中央位置，用馈线切割刀在该处的馈线外皮进行环切，用手轻压馈线切割刀，按馈线切割刀旋转的方向进行旋转，以恰好能切断馈线皮为佳，应尽量避免切伤馈线外导体，如图 3 - 25 所示。

图 3 - 25　旋转馈线刀

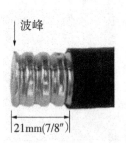

图 3 - 26　切割好的馈线

（4）使用馈线安全刀从环切处开始向外将这小段馈线皮剥掉，剥削时，馈线安全刀的刀刃应微微向上，避免划伤外导体的表面，如图 3 - 26 所示。

（5）用小金属刷将刚切割好的馈线端进行清洁，如有毛刺的则用锉刀锉平，如图 3 - 27a 所示。用钢刷将金属导体内和表面的碎屑清理干净，然后再取一小块防水胶，对切割口进行粘贴，吸附更细小的金属碎屑，一般粘贴 2 次就能彻底将切割口的碎屑清理干净。

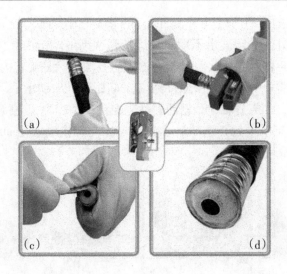

图3-27　馈线口处理

（6）使用专用的接头扩孔器，顺时针旋转两三圈对馈线口做扩孔和定型，如图3-27b所示。

（7）用一字螺丝刀小心地将清理后的馈线端的绝缘层边缘，与馈线的外导体呈45°角向内导体方向环绕一圈压开，如图3-27c所示。完成效果如图3-27d所示。

（8）套好馈线O型圈，涂润滑油脂，安装连接器后套，套上连接器O型密封圈（钢圈），套至端面下的第一个凹陷处，把内套往外推平端面，接好后套。如图3-28所示。

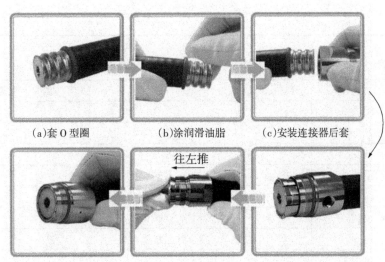

（a）套O型圈　　　　　（b）涂润滑油脂　　　　（c）安装连接器后套

（f）内外套对平，接好后套　（e）左手不动，右手把　（d）套上连接器O型圈
　　　　　　　　　　　　　后套外套往左推

图3-28　安装连接器后套

（9）先用手将接头的前端（外套件）和后端（内套件）拧紧，如图 3 – 29a 所示。拧紧的过程中外套件须固定不动，只旋转套在馈线端的内导体，如图 3 – 29b 所示。待手拧紧后，再用扳手将接头拧紧，拧紧的方法仍然是旋转内套件，外套件用扳手夹紧固定，直到将接头两边紧密连接到位，如图 3 – 29c 所示。

需要注意的是，如果旋转连接器前套件，在拧动过程中，连接器前套件内导体与馈线内导体因摩擦而产生的金属碎屑容易残存在两者接触面之间，影响馈线的电气性能。

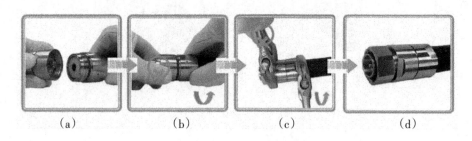

　　　　（a）　　　　　　　（b）　　　　　　　（c）　　　　　　　（d）

图 3 – 29　安装连接器前套

（10）完成效果如图 3 – 29（d）所示。最后用热缩管馈线头与馈线套好。

3. 任务记录

（1）在下面表格中写出馈线头的配件名称。

1		2	
3		4	
5		6	

（2）馈线头制作实训用到哪些专用工具？填写下面表格。

序号	工具名称	单位	数量	功能	实训中是否用到
1	7/8″馈线刀	套			
2	1/2″馈线刀	套			
3	活动扳手	把			
4	呆扳手	把		拧紧接头	
5	锉刀	把			
6	钢锯	把		切断馈线用	
7	螺丝刀	套		拧紧接头配件用	
8	美工刀	把			
9	铜丝刷	把		清洁馈线切口碎屑	
10	驻波比测试仪	台			

4. 任务评价

评价项目	评价内容	分值	得分
实训态度	1. 积极参加技能实训操作	10	
	2. 按照安全操作流程进行操作	10	
	3. 遵守纪律	10	
实训过程	1. 能制作适合要求的馈线头	10	
	2. 能描述天线安装步骤及注意事项	10	
	3. 能描述馈线安装步骤及注意事项	10	
实训报告	报告分析、实训记录	40	
合计		100	

5. 思考练习

馈线接头制作要求：

（1）馈线切割口处内外导体必须＿＿＿＿＿＿＿＿＿，不起＿＿＿＿＿＿＿＿＿。

（2）接头必须＿＿＿＿＿＿＿＿＿，应不能出现松动的情况。

（3）馈线皮切削处的内导体表面应无明显＿＿＿＿＿＿＿＿＿。

（4）接头包装内的所有配件不能＿＿＿＿＿＿＿＿＿和＿＿＿＿＿＿＿＿＿。

（5）接头包封必须严密＿＿＿＿＿＿＿＿＿。

（6）驻波比测试小于＿＿＿＿＿＿＿＿＿。

二、基站设备检查

1. 任务分析

相对于 2G/3G 系统，LTE 设备形态的变化较小，所以 LTE 设备的施工规范和 2G/3G 设备的施工规范区别不大；LTE 网络建设中使用的天线包括 2T2R、4T4R 的天线以及智能天线，天线形态的变化会引起部分施工规范的变化。LTE 天线系统的施工包括天线安装、馈线施工安装和 GPS 的施工安装。现根据天馈系统的安装要求，完成基站设备的检查，并填写验收表。

2. 任务训练

在实训室设备间，通过分组的形式，对 LTE 基站的天馈设备进行观察，检查安装情况，按验收规范进行验收，并完成任务记录表。

3. 任务记录

天馈设备检查

天馈设备检查表

基站名称			工程自检日期：		验收日期：
检查项目	检查项目	参照标准	工程自检结果	维护检查结果	备注
机房环境	*密封情况（包括各类线管入口应用防火泥密封）	LTE 基站验收规范			
	环境卫生情况、是否有杂物堆放	LTE 基站验收规范			
	*有无渗水（门窗、馈线入口、墙壁、天花、地板、空调管口）	LTE 基站验收规范			
机房配套设施	机房是否放置清洁工具、消防器材、应急灯、铝梯及防静电手镯	LTE 基站验收规范			
天馈设备	*要求楼走线梯、天线横担结实牢固，所有铁件材料要做防氧化处理。	LTE 基站验收规范			
	*馈线接地是否符合要求（馈线接地线不允许向上走线，馈线室外底线不允许引入机房；各根馈线的接地点要分开；接地点接触良好、牢固，并作防氧化处理）	LTE 基站验收规范			
	室外馈线入机房之前是否有做"滴水弯"	LTE 基站验收规范			
	*天线方向角及下倾角是否符合设计要求	LTE 基站验收规范			
	*天馈线系统驻波比要求小于1.5	LTE 基站验收规范			

备注

1. 无线 LTE 验收依据：LTE 基站验收规范

2. 无线验收签证表必须现场验收、现场签字、工程存档，必须由现场验收人员亲自签字，不得有代签现象

3. 带 * 号检查项为直接否决项，只要一项不符合要求，整站验收不通过。

4. 任务评价

评价项目	评价内容	分值	得分
实训态度	1. 积极参加技能实训操作	10	
	2. 按照安全操作流程进行操作	10	
	3. 遵守纪律	10	
实训过程	1. 知道天馈系统的安装规范	10	
	2. 根据天馈系统的安装规范判断是否通过验收	10	
实训报告	报告分析、实训记录	50	
合计		100	

5. 思考练习

（1）制作滴水弯，路线弯曲半径要大于路线直径的（　　）倍。

A. 10　　　　　　　B. 20　　　　　　　C. 100　　　　　　　D. 200

（2）GPS 天线宜安装在避雷针（　　）保护范围内。

A. 55°　　　　　　B. 60°　　　　　　C. 45°　　　　　　D. 90°

（3）当有两个或多个 GPS 天线安装时要保持（　　）以上的间距。

A. 1 m　　　　　　B. 2 m　　　　　　C. 4 m　　　　　　D. 8 m

（4）跳线、馈线连接密封，胶带缠绕长度要超过馈线头约（　　）。

A. 20 mm　　　　　B. 30 mm　　　　　C. 40 mm　　　　　D. 10 mm

学习任务 3　LTE 网络天馈系统的维护

【学习目标】

1. 能清楚描述所用天馈测试仪各按键功能作用
2. 能叙述测量天馈线回波损耗、电缆损耗、故障定位的步骤
3. 能用天馈线测试仪对回波损耗、电缆损耗、故障定位等进行测试
4. 可以进行天馈系统的故障排查，通过仪器判断故障

【知识准备】

一、天馈系统的定期检查和维护

天馈系统的检查和维护要求：

（1）检查天馈系统各组成件及安装件是否牢固，以及其相互连接是否牢固，每年进行一次。

（2）检查馈电系统中各连接法兰盘的螺栓是否连接紧固，每年进行一次。

（3）天馈系统的漏气和各接口处密封的检查，每次检查完毕，均应进行新的密封和缠绕，每半年进行一次。

（4）对天线单元板、分馈电缆、功率分配器等主要组成件，均应对其变形情况进行检查，每年一次。

（5）主馈电缆的开路直流电阻，每年检测一次。

（6）包括主馈电缆在内的天线系统的驻波比的检查，每年检查一次。

二、天馈系统的故障分析与判定

天馈系统的常见故障分析与判定：

（1）将发射机输出的额定功率 P，接入假负载（1.5 Po），发射机工作正常。然后将发射机输出的额定功率接入天馈线时，如果发射机参数异常或不能正常开机，这说明天馈线系统有故障，需要关机检修。

（2）如果发射机智能化监控单元液晶显示屏显示 Po 正常，而 Pr 逐渐增大，则表明天馈线可能存在问题，以后可能会出现故障。

（3）用驻波比测试仪、网络分析仪、扫频仪检测天线驻波比、天线带宽、电缆插损、功分器输入输出匹配等，可以比较方便快捷地判定天线系统的故障。

（4）用三用表电阻挡检测天线内导体与外导体之间的直流电阻应小于 3 Ω，否则，可认为天线存在连接不良的可能。

（5）断开功分器输出的连接电缆，用兆欧表检测主馈电缆内外导体间的绝缘电阻，应大于 10 MΩ。如果绝缘电阻很小，表明主馈电缆内外导体间存在短路、进水的可能性极大。

【任务实施】

一、天馈线测试仪的操作使用

1. 任务分析

用天馈线测试仪对回波损耗、电缆损耗、故障定位进行测试。正确使用天馈线测试仪操作、测定方法。天馈线测试仪外观如图 3 – 30 所示。

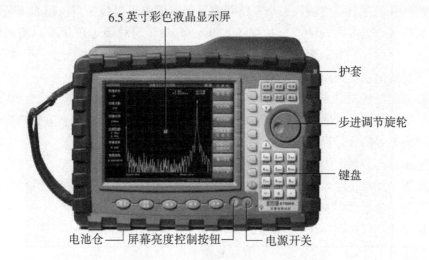

图 3 – 30　天馈线测试仪外观图

2. 任务训练

（1）系统回波损耗测量。

系统回波损耗测量用来检验当天线连接到传输电缆一端时馈线系统的性能。被测器件是带天线的传输线。

测量步骤如下：

①按下主菜单键"测量"，选择回波损耗测量类型。

②按下主菜单键"频率/距离"，输入起始频率和终止频率。

③按下主菜单键"幅度"，输入顶部和底部显示刻度值。

④按下主功能键"校准"键校准仪器。

⑤连接被测器件。

⑥按下主菜单键"光标"选择合适的光标。

⑦按测量功能键"合格限"设置合格限。

⑧按下主功能键"文件"保存被测数据或波形。

（2）电缆损耗的测量。

传输馈线系统的插入损耗测量检测电缆系统的信号衰减水平。测量结果显示频率范围内的平均电缆损耗，显示在屏幕左侧。

被测器件：接短路器的传输线。

测量步骤同回波损耗测量。

（3）故障定位的测量。

精确定位传输线系统中的故障部位。能确认系统中特定的问题，诸如连接器问题、跳线问题、电缆扭曲或潮湿侵入。

被测器件：在电缆终端接一个开路器或短路器就能通过故障定位模式测量电缆长度。峰值指示的电缆末端的测量值应该在 0 ～ 5 dB。当故障定位用于寻找系统故障时，不能再使用开路器和短路器。因为开路器和短路器会造成系统全反射，那么连接器的真实反射值就被掩盖了，性能好的连接器会被认为是不好的。

在故障定位模式下寻找故障时，50 Ω 负载是最合适的终端器件，因为 50 Ω 负载覆盖整个频率范围。天线也可以作为终端器件。但天线的端口阻抗会随频率的变化而改变，因为天线的设计回波损耗只有 15 dB，在通带内会更好一点。

测量步骤（设置）如下：

①按下主菜单键"测量"，选择故障定位回波损耗或故障定位驻波比模式；

②按下主菜单"频率/距离"；

③按子菜单按键"单位"，选择距离单位（公制或英制）；

④按子菜单按键"起始距离"，输入起始距离；

⑤按子菜单按键"终止距离"，输入终止距离，终止距离需要小于屏幕上提示的最大距离值；

⑥使用旋轮，方向键在测量画面选择扫频范围的起始频率，按下确认键；输入起始频率值；

⑦使用旋轮，方向键在测量画面选择扫频范围的终止频率，按下确认键；输入终止频率值；

⑧按子菜单键"下一页"，按子菜单按键"电缆"，进入电缆列表画面，选择合适的电缆，也可以使用旋轮，方向健在测量画面屏幕左侧选择"电缆名称"，按下确认键，再使用旋轮，上下行健直接选择电缆；

⑨按下主功能键"校准"校准仪器；

⑩按下主菜单键"光标"选择合适的光标；

⑪按测量功能键"合格限"设置合格限；

⑫按下主功能键"文件"保存被测数据或波形。

3. 任务记录

1. 画出回波损耗测试波形，并标出测量数据值。

2. 画出电缆损耗测试波形，并标出测量数据值。

3. 画出故障定位测试波形，并标出测量数据值。

4. 任务评价

评价项目	评价内容	分值	得分
实训态度	1. 积极参加技能实训操作	10	
	2. 按照安全操作流程进行操作	10	
	3. 遵守纪律	10	
实训过程	1. 能清楚描述所用天馈测试仪各按键功能作用	10	
	2. 能叙述测量天馈线回波损耗、电缆损耗、故障定位的步骤	10	
	3. 能用天馈线测试仪对回波损耗、电缆损耗、故障定位等进行测试	10	
	4. 可以进行天馈系统的故障排查，通过仪器判断故障	10	
实训报告	报告分析、实训记录	30	
合计		100	

5. 思考练习

为什么使用天馈线测试仪之前，一般需对仪器进行校准？如何进行校准？

项目四　TD-LTE 网络规划与数据配置

【项目场景】

随着 LTE 网络的铺建，除了需要大量硬件施工督导人员外，还需要大量的软件调测人员，熟练掌握数据配置对于软调人员来说尤为重要。通信工程施工，完成设备硬件的规划、安装后，4G 移动通信实训室已初步搭建，接下来将在现场进行数据配置，测试 4G 通信设备业务及进行故障排查。

【项目安排】

任务名称	学习任务 1　eNodeB 物理配置		建议课时	8
教学方法	讲解、讨论、自主探索		教学地点	实训室
任务内容	1. 认识 LTE 系统网络结构 2. 区分组网方式 3. 单板配置 4. 物理设备配置			

任务名称	学习任务 2　eNodeB 传输网络配置		建议课时	10
教学方法	讲解、讨论、自主探索		教学地点	实训室
任务内容	1. 网络接口使用 2. 业务信令流处理 3. 传输数据配置			

任务名称	学习任务 3　eNodeB 无线参数配置		建议课时	12
教学方法	讲解、讨论、自主探索		教学地点	实训室
任务内容	1. 频谱划分 2. 物理资源规划 3. TA 区规划 4. 邻区规划 5. PCI 规划 6. 编号规则 7. IP 地址及 VLAN 规划 8. 小区数据配置			

续上表

任务名称	学习任务 4　业务验证	建议课时	8
教学方法	讲解、讨论、自主探索	教学地点	实训室
任务内容	1. 随机接入 2. 移动性管理 3. 数据同步、管理与验证		
任务名称	学习任务 5　TD-LTE eNodeB 故障处理	建议课时	6
教学方法	讲解、讨论、自主探索	教学地点	实训室
任务内容	1. TD-LTE eBBU 相关故障处理 2. TD-LTE eRRU 相关故障处理 3. TD-LTE 操作维护相关故障处理 4. TD-LTE 业务类相关故障处理		

学习任务 1　eNodeB 物理配置

【学习目标】

1. 能用语言表述出 LTE 的网络结构及网元
2. 通过 LTE 的网络结构，能说出主要的网络接口
3. 通过总结，得出 TD-LTE 网络结构的特点
4. 通过学习能说出系统结构网元，并能区分各网元的功能
5. 根据所学的网络结构，说出在实际的组网中的应用
6. 能够选择网元进行 LTE 网络的组网
7. 能够简单描述（画出）LTE 网络的拓扑图
8. 能正确进入网元管理系统
9. 根据场景进行 eNodeB 物理配置
10. 阅读能力、表达能力以及职业素养有一定的提高

【知识准备】

一、认识 LTE 系统网络结构

LTE 系统整体网络拓扑结构图如图 4 - 1 所示。

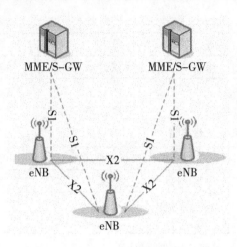

图 4-1　网络拓扑图

与 UMTS 系统相比，LTE/SAE 网络中无线传输技术、空中接口协议和系统结构等方面都发生了革命性的变化。对应的无线网络和核心网被称为 E-UTRAN 和 EPC，并将整个网络系统命名为 EPS。具有扁平化、全 IP、承载与控制分离的特点。

LTE 网络结构的优点：网络扁平化使得系统延时减少，从而改善用户体验，可开展更多业务；网元数目减少，使得网络部署更为简单，网络的维护更加容易，取消了 RNC 的集中控制，避免单点故障，有利于提高网络稳定性。

1. EPS 的几个名词

E-UTRAN（Evolved UMTS Terrestrial Radio Access Network）：LTE 网络无线接入网，包括 UE、eNodeB 部分。

EPC（Evolved Packet Core）：3GPP 的演进分组核心网，主要由 MME + SGW + PGW 组成。

EPS（Evolved Packet System）：3GPP 的演进分组系统，由 E-UTRAN + EPC 组成。

SAE（System Architecture Evolution）：研究核心网的长期演进，定义了一个全 2P 分组核心网 EPC。

LDE（Long Term Evolution）：长期演进。

EPS、EPC、E-UTRAN、LTE、SAE 关系如图 4-2 所示。

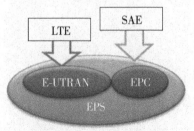

图 4-2　EPS 关系

2. EPS 架构简图

EPS 架构简图如图 4 – 3 所示。

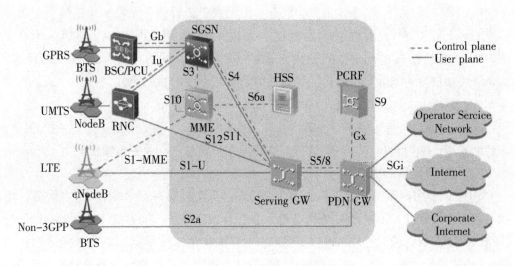

图 4 – 3　EPS 架构简图

因为 LTE 系统在 3G 系统的基础上对网络架构做了较大的调整，所以其核心网和接入网的功能划分也有所变化，如图 4 – 4 所示。

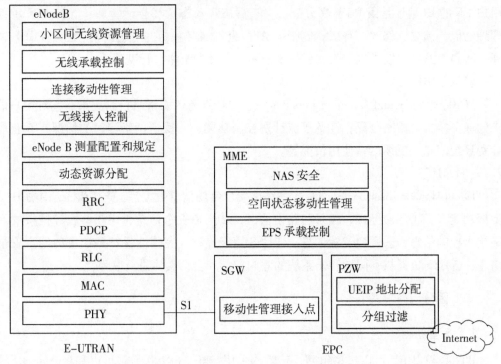

图 4 – 4　E-UTRAN 和 EPC 的功能划分

3．网元功能

（1）eNodeB。

E-UTRAN 的实体 eNodeB 主要功能有：①无线资源管理—无线承载控制、无线许可控制，上行和下行资源动态分配/调度；②IP 头压缩及用数据流加密；③UE 附着时的 MME 选择；④提供到 S-GW 的用户面数据的路由；⑤寻呼消息的调度与传输；⑥系统广播信息的调度与传输；⑦移动性测量与测量报告的配置。

（2）MME。

MME 是核心网唯一控制平面的设备，主要功能有：①移动性管理；②接入控制；③会话管理；④网元 SGW/PGW 选择；⑤存储用户信息；⑥业务连续性。

（3）Serving Gateway。

SGW 位于用户面，对每个接入 LTE 的 UE，一次只能有一个 SGW 为之服务，功能有：①会话管理：SGW 能对承载进行建立、修改和释放，能存储 EPS 承载上下文；②路由选择和数据转发：eNodeB 间切换时，SGW 作为本地锚定点在路径转发后，向源 eNodeB 发送结束标记，重新排序功能；③QoS 控制：支持 EPS 主要承载的主要 QoS 参数；④计费；⑤存储信息。

（4）PDN Gateway。

PGW 位于用户面，是面向 PDN 终结与 SGi 接口网关，功能有：①IP 地址分配：用户 UE 的 IP 地址是由 PGW 来分配的，有静态和动态；②会话管理：支持 EPS 承载管理功能，建立、修改、释放，能根据 APN 进行域名解析并寻址到外网；③PCRF 选择；④路由选择；⑤数据转发；⑥QoS 控制；⑦计费策略和计费执行。

（5）PCRF。

PCRF（Policy and Charging Function）主要功能有：①策略控制决策；②对用户请求的业务授权、策略分配；③基于流计费控制功能；④反馈网络堵塞的情况；⑤获取计费系统信息，反馈话费使用情况等。

（6）HSS。

HSS（Home Subscriber Servers）是存储用户签约信息数据库，与 2G/3G 中的 HLR 类似功能有：①用户标识、编号和路由信息；②用户安全信息，用于鉴权和授权的网络接入控制信息；③用户位置信息；④HSS 用于鉴权、完整性保护和加密的用户安全信息；⑤HSS 负责与不同域和子系统的呼叫控制和会话实体进行联系。

二、区分组网方式

1．星型组网

B8200 与 eRRU 可以星型组网，传输均采用光纤。B8200 最多可以和 9 个 eRRU 星型组网。星型组网模型如图 4 - 5 所示。

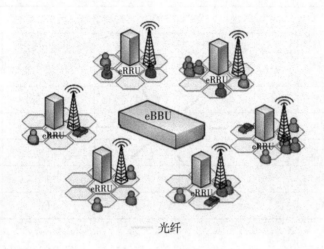

光纤

图 4 - 5　星型组网

星型组网适用于一般的应用场合，城市人口稠密的地区一般用这种组网方法。

2. 链型组网

链型组网时，eRRU 通过光纤接口与 B8200 或者级联的 eRRU 相连。B8200 支持最大 4 级 eRRU 的链型组网，链型组网方式适合于呈带状分布、用户密度较小的地区。

在 B8300 的链型组网模型中，eRRU 通过光纤接口与 B8300 或者级联的 eRRU 相连，B8300 支持最大 4 级 eRRU 的链型组网。组网模型如图 4 - 6 所示。

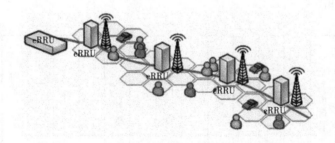

图 4 - 6　链型组网

三、单板配置

B8300 典型配置，见表 4 - 1。

表 4 - 1　B8300 典型配置

名称	说明	配置数量			
		2 天线 1 扇区/2 天线 2 扇区/2 天线 3 扇区	8 天线 3 扇区	8 天线 3 扇区 +2 天线 3 扇区	4 天线 6 扇区
CC	控制和时钟板	1	2（主备）	2（主备）	3
BPL	基带处理板	1	3	4	3
SA	现场告警板	1	1	1	1
PM	电源模块	1	1	2	1
FA	风扇模块	1	1	1	1

SE 模块为选配组件，要求配置 16 路 E1/T1 接口、2 路 RS232/RS485 接口、16 路干接点需求时 SA 和 SE 配合使用。

【任务实施】

一、eNodeB 物理配置

1. **任务分析**

启动 LTE 的 eNodeB 网管系统，通过配置管理完成一个 eNodeB 站点的物理数据配置。配置流程如图 4 - 7 所示。

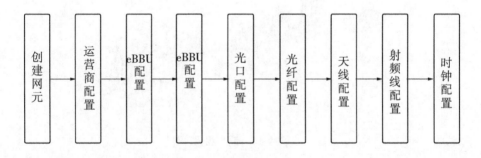

图 4 - 7　配置流程

2. **任务训练**

1）创建网元

（1）启动网管服务端、客户端。

①进入 WIN2008 - 2 操作系统，进行数据配置之前，先双击桌面上的"服务端"图标。当出现如图 4 - 8 所示界面时，点击桌面上的"客户端"图标。

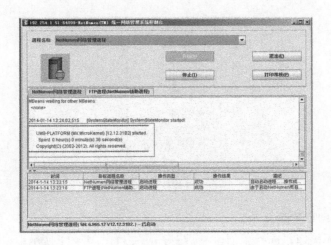

图 4 - 8　服务端启动成功

②弹出框中输入用户名进入配置，输入 IP 并点击"确定"连接服务器。填入服务器地址为安装网管时的 IP 地址，这里是 192.254 网段地址，用户名为 admin，密码为空。如图 4 - 9 所示。

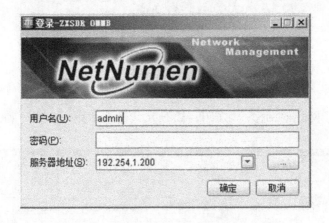

图 4 - 9　客户端登录

③单击"确定"。

📖说明：

级联 IP 也就是我们服务端机的 IP 地址。学生机地址：192.168.1.200，教师机地址：192.254.1.199。

（2）启动配置管理。

在"视图"中选择配置管理。如图 4 - 10 所示。

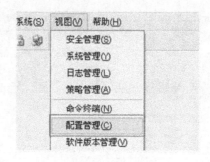

图 4 - 10 配置管理

（3）创建 LTE 子网。

①右击网元代理，选择"创建→LTE 子网"，如图 4 - 11 所示。

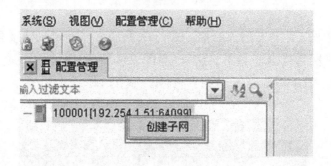

图 4 - 11 创建 LTE 子网

②弹出"子网"对话框，如图 4 - 12 所示。输入"用户标识"和"子网 ID"。

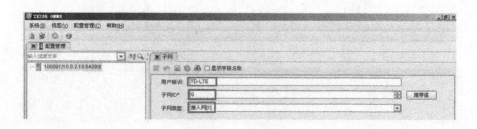

图 4 - 12 子网配置

📖说明：

用户标识可以自由设置，子网 ID 不可重复。

③单击"确定"。

（4）创建 eNodeB 管理网元。

①右击"子网"，选择"创建→创建网元"。

②弹出"子网"对话框，如图 4 - 13 所示。选择"无线制式""网元类型"等参数。

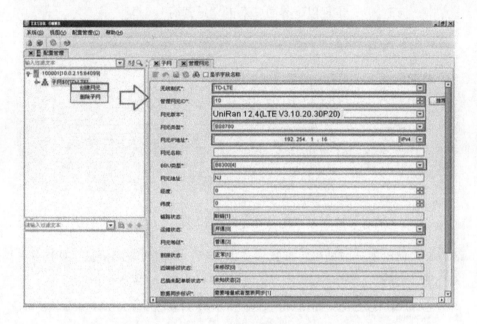

图 4 - 13　创建网元

③单击"确定"。

📖说明：

1. 网元 IP 地址，即基站和外部通信的 eNodeB 地址（若在实验室使用 Debug 口直连 1 号槽位 CC 的话，直接配置为 192. 254. 1. 16）。

2. 根据前台 eBBU 机架类型选择 8300。

（5）申请互斥权限。

①右击 eNodeB 管理网元，选择"申请互斥权限"，如图 4 - 14 所示。

图 4 - 14　申请互斥权限

②在弹出的确认对话框中单击"是"。

2）配置运营商

（1）右击 eNodeB 管理网元，选择"创建→配置集"，如图 4 - 15 所示。

（2）初始配置管理。

①点击"修改区"，出现以下界面。双击"运营商"。

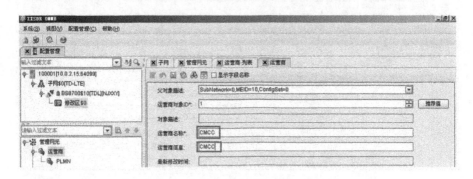

图 4 - 15　创建配置集

②弹出"配置集"对话框，配置移动国家码、移动网络码信息，如图 4 - 16 所示。参数说明如表 4 - 2 所示。

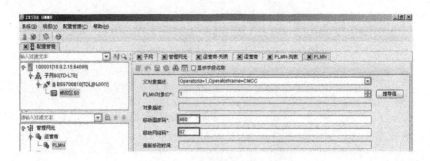

图 4 - 16　"配置集"对话框

③点击左上角"保存"图标，对配置好的数据（表 4 - 2）进行保存。

表 4 - 2　配置运营商参数说明

参数名称	说明
移动国家码 MCC	3 位数，唯一识别移动用户所属的国家，与核心网数据一致
移动网号 MNC	两三位数，用于识别移动客户所属的移动网络，根据核心网规划填写

📖说明：

1. 配置集可以有 1 个主用，多个备用，且可以主备切换。图标表示主用配置集，图标表示备用配置集。可以右击备用配置集选择将其切换为主用。

2. 创建地面资源管理之后，系统会自动创建机架配置、传输配置、射频资源配置和 AISG 设备配置。

3）设备配置

（1）创建 eBBU 机架。

添加 eBBU 设备：点击"BS8700MYM8001［TDL］网元"，选"修改区"，双击"设备"后，会在右边显示出机架图。

（2）创建 eBBU 单板。

在弹出机架图中根据前台实际位置情况添加 CCC（即 CC16）板、BPL 板、PM 板、SA 板。单板配置方法如图 4-17 所示。

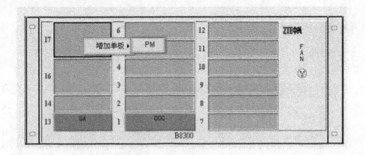

图 4-17 创建单板

eBBU 单板完成，如图 4-18 所示。

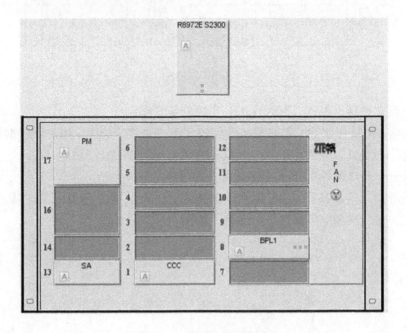

图 4-18 eBBU 单板完成

📖说明：

1 槽位、2 槽位可配 CC、CCC、CCE、UES 板；

3 槽位、4 槽位可配 UCI、BPL、BPL1、UES、FS；

5 槽位—12 槽位可配 UCI、BPL、BPL1、UES。

（3）配置 eRRU。

在机架图上点击 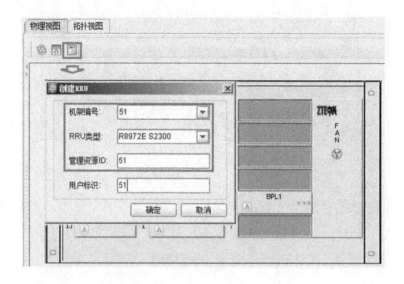 图标添加 eRRU 机架和单板，eRRU 编号可以自动生成，用户也可以自己填写。但是前台限制编号范围是"51—107"，机架按前台的编号范围填写。根据场景选择与实际设备相应的 eRRU 类型，如实训室中的设备为 R8972E S2300。如图 4 – 19 所示。

图 4 – 19　创建 RRU

（4）配置光接口板光口资源（BPL 光口设备配置）。

①创建 UBPM 板之后，系统将自动创建 3 个"光口"资源。用户可根据需要删除自动创建的"光口"并创建新的"光口"资源。如图 4 – 20 所示。

②双击"光口设备"，配置相关参数。如图 4 – 21 所示。

③双击"光口设备集"，配置默认参数保存。有些版本需要配置"上行连接方式"及"是否自动调整数据帧头"参数，如图 4 – 22 所示。

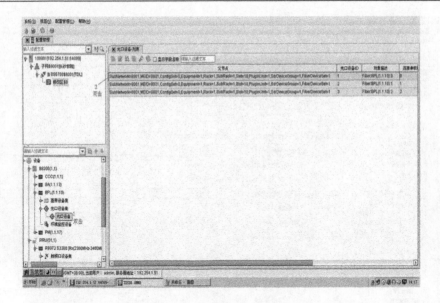

图 4 – 20　创建光口资源

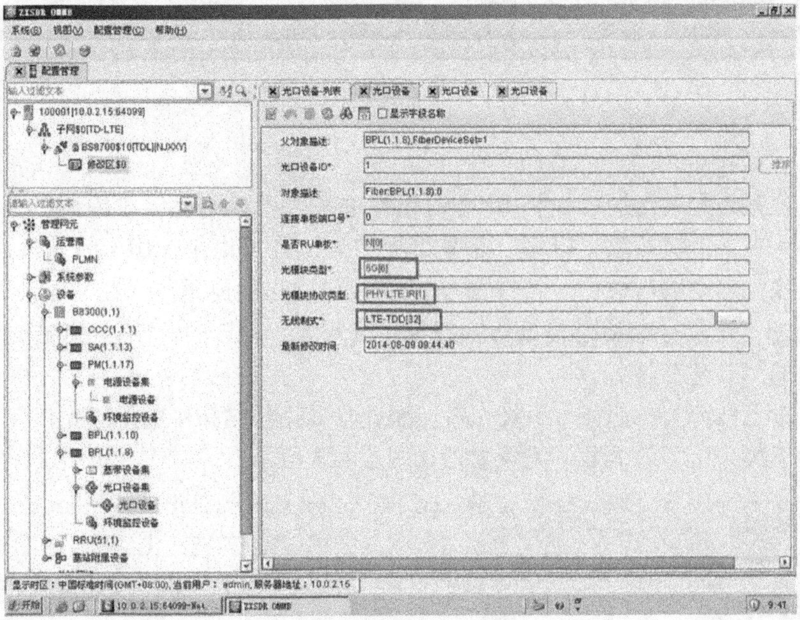

图 4 – 21　配置光口设备

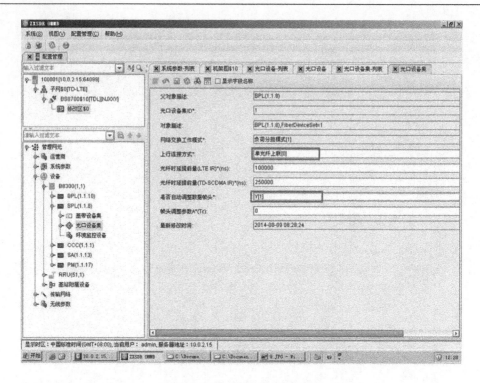

图 4 - 22　配置光口设备集

（5）光纤配置。

光纤配置是配置光接口板和 RRU 的拓扑关系。光纤的上级对象光口和下级对象光口必须存在，上级对象光口可以是基带板的光口也可以是 eRRU 的光口，eRRU 是否支持级联，需要进行检查。光口的速率和协议类型必须匹配。

①选择"设备→基站附属设备→线缆→光纤"，双击"光纤"。点击光纤列表页面左上角的"新建"图标。

②点击下拉箭头，选择上下级光口。配置好"拓扑结构中的上级光口"和"拓扑结构中的下级光口"等参数。配置参数如图 4 - 23 所示。

父对象描述：	Equipment=1	
光纤对象ID*：	1	
对象描述：		
光纤描述信息：		
拓扑结构中的上级光口*：	Fiber:BPL1(1.1.8):0	
拓扑结构中的下级光口*：	Fiber:R8972E S2300(51.1.1):1	
最新修改时间：		

图 4 - 23　光纤配置

③点击左上角"保存"图标，对配置好的数据进行保存。

（6）配置天线物理实体对象。

①选择"设备→基站附属设备→天线服务功能→天线物理实体对象"，双击"天线物理实体对象 AntEntity"，点击天线物理实体对象列表页面的左上角"新建"图标。

②在弹出的页面，覆盖场景选择"室内"，按实际情况选择，在实训室设备间，是室内覆盖。通过滚动条往上拉，点击下拉箭头，选择"使用的天线属性"参数，实训室天线属性：AntProfile = 202。其他参数默认。天线物理实体对象使用默认配置。

③点击左上角"保存"图标，对配置好的数据进行保存。

（7）射频线配置。

①选择"设备→基站附属设备→线缆→射频线"，双击"射频线"。点击射频线列表页面的左上角"修改"图标，如没有增加则点击"新建"图标。

②在弹出的射频线页面，点击下拉箭头，选择"连接的天线""连接的射频端口"进行配置。射频线配置如图 4 - 24 所示。

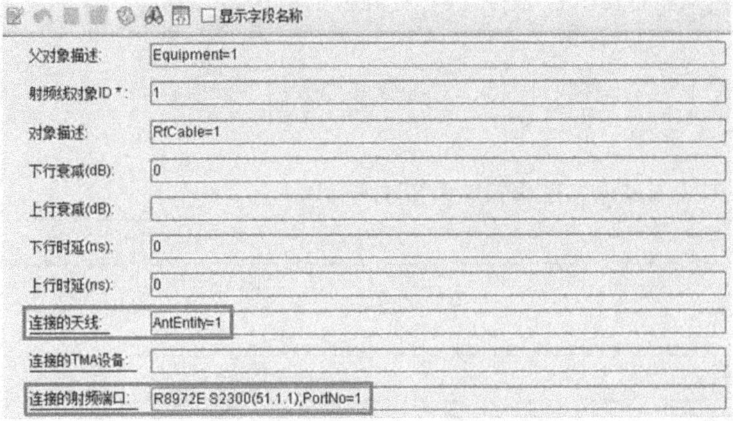

图 4 - 24　射频线配置

③点击左上角"保存"图标，对配置好的数据进行保存。

（8）Ir 天线组对象配置。

①选择"设备→基站附属设备→天线服务功能→Ir 天线组对象"，双击"天线组对象"，选中列表中要修改的对象后，点击右上角"修改"图标，如果没有增加则点击 Ir 天线组对象列表页面左上角的"新建"图标。

②在弹出的 Ir 天线组对象页面，点击下拉箭头，选择"使用的天线""连接的eRRU 单板"进行配置。Ir 天线组对象配置如图 4 - 25 所示。

图 4 - 25　Ir 天线组对象配置

③点击左上角"保存"图标，对配置好的数据进行保存。

（9）配置时钟设备。

①选择"设备→B8300→CCC→时钟设备集"，双击"时钟设备集"。点击时钟设备列表页面左上角的"新建"图标。

②在弹出的时钟设备页面，点击"GNSS 时钟参数"按钮，在弹出框中直接默认"确定"。

③点击左上角"保存"图标，对配置好的数据进行保存。

3. 任务记录

（1）根据实训过程，把相关的参数填写下表。

创建子网			
用户标识		子网 ID	
创建网元			
无线制式		管理网元 ID	
网元类型		网元 IP 地址	
eBBU 类型		运维状态	
PLMN 配置			
移动国家码		移动网络码	
创建 eRRU			
机架编号		eRRU 类型	
管理资源 ID		用户标识	
BPL 光口设备配置			
上行连接方式		光模块类型	
光模块协议类型		无线制式	
光纤配置			

拓扑结构中的上级光口		拓扑结构中的下级光口	
射频线配置			
连接的天线		连接的射频端口	
IR 天线组对象配置			
使用的天线		连接的 eRRU 单板	

4. 任务评价

评价项目	评价内容	分值	得分
实训态度	1. 积极参加技能实训操作	10	
	2. 按照安全操作流程进行操作	10	
	3. 遵守纪律	10	
实训过程	1. 能用语言表述出 LTE 的网络结构及网元	5	
	2. 通过 LTE 的网络结构，能说出主要的网络接口	5	
	3. 通过总结，得出 TD-LTE 网络结构的特点	5	
	4. 通过学习能说出系统结构网元，并能区分各网元的功能	5	
	5. 根据所学的网络结构，说出在实际的组网中的应用	5	
	6. 能够选择网元，进行 LTE 网络的组网	5	
	7. 能够简单描述（画出）LTE 网络的拓扑图	5	
	8. 能正确进入网元管理系统	5	
	9. 根据场景进行 eNodeB 物理配置	5	
实训报告	报告分析、实训记录	25	
合计		100	

5. 思考练习

（1）关于 LTE 网络整体结构，下列说法不正确的有（　　）。

A. E-UTRAN 用 E-NodeB 替代原有的 RNC – NodeB 结构

B. 各网络节点之间的接口使用 IP 传输

C. 通过 IMS 承载综合业务

D. E-NodeB 间的接口为 S1 接口

（2）下列网元属于 E-UTRAN 的有（　　）。

A. SGW   B. E-NodeB   C. MME   D. EPC

（3）以下说法错误的是（　　）。

A. TD-LTE 相比 3G 具有更低的接入时延

B. TD-LTE 采用扁平化的网络结构

C. TD-LTE 可以采用同频组网

D. TD-LTE 产业链进展严重滞后于 FDD-LTE

（4）以下说法正确的是（　　）。

A. TD-LTE 标准是一种国内标准

B. TD-LTE 只能异频组网

C. TD-LTE 核心网兼容 2G、3G

D. TD-LTE 的核心网兼容 FDD-LTE

（5）以下哪些是属于 SGW 的功能？（　　）

A. 外部 IP 地址的连接

B. 对 UE 用户的寻呼

C. 针对 UE、PDN 和 QCI 的计费

D. 用户策略的实现

（6）以下哪个网元设备不能被 OMC 管理？（　　）

A. eNodeB　　　　　B. SGSN　　　　　C. MME　　　　　D. SGW

学习任务 2 eNodeB 传输网络配置

【学习目标】

1. 区分 LTE/EPC 网络中主要接口及接口协议的使用
2. 熟悉业务信令流
3. 能画出 LTE 协议结构
4. 区分用户面和控制面协议架构
5. 能根据场景完成 eNodeB 传输网络配置
6. 阅读能力、表达能力以及职业素养有一定的提高

【知识准备】

一、网络接口使用

LTE/EPC 网络中涉及的主要接口及接口协议如表 4 – 3 所示。

表 4 – 3 接口及接口协议

接口	协议	相关实体	接口功能
Uu	L1/L2/L3	UE-eNB	无线空中接口，主要完成 UE 和 eNB 基站之间的无线数据的交换
X2	X2AP	eNB-eNB	E-UTRAN 系统内 eNB 之间的信令服务
S1-C	S1AP	eNB-MME	用于传送会话管理（SM）和移动性管理（MM）信息
S1-U	GTPv1	eNB-S-GW	在 GW 与 eNodeB 设备间建立隧道，传送数据包
S11	GTPv2	MME-S-GW	采用 GTP 协议，在 MME 与 GW 设备间建立隧道，传送信令
S3	GTPv2	MME-SGSN	采用 GTP 协议，在 MME 与 SGSN 设备间建立隧道，传送信令
S4	GTPv2	S-GW-SGSN	采用 GTP 协议，在 S-GW 与 SGSN 设备间建立隧道，传送数据和信令
S6a	Diameter	MME-HSS	完成用户位置信息的交换和用户签约信息的管理
S10	GTPv2	MME-MME	采用 GTP 协议，在 MME 设备间建立隧道，传送信令
S12	GTPv1	S-GW-UTRAN	在 UTRAN 与 GW 之间建立隧道，传送数据
S5/S8	GTPv2	S-GW-P-GW	采用 GTP 协议，在 GW 设备间建立隧道，传送数据
SGi	TCP/IP	P-GW-PDN	通过标准 TCP/IP 协议在 PGW 与外部应用服务器之间传送数据

根据接口功能的不同，LTE 系统接口可以分为两类：信令接口和数据接口。纯LTE 接入情景下，网络架构及相应接口协议如图 4-26 所示。

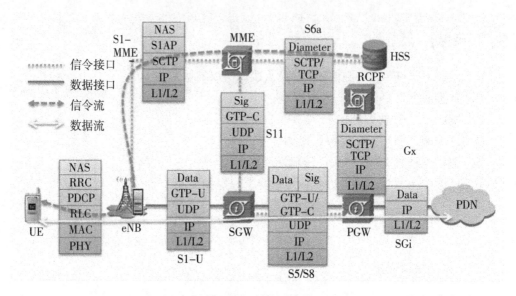

图 4-26　网络架构及接口协议

1. S1 接口

S1 接口分为用户面和控制面，控制面协议为 S1-MME（S1-C），用户面协议为 S1-U，一个 eNodeB 可以连接多个 MME 和 SGW。如图 4-27 所示。

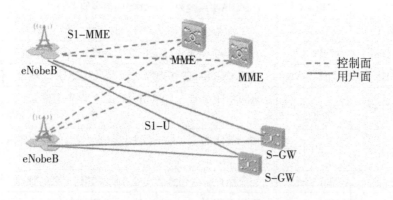

图 4-27　S1 接口协议

①S1 用户面 S1-U 协议栈为 GTP-U/UDP/IP，主要传输 eNodeB 和 SGW 之间的用户数据；

②S1 控制面 S1-MME 协议栈为 S1-AP/SCTP/IP 支持 eNodeB 和 MME 之间一系列

的信令功能。

S1-AP 信令过程有 CLASS1 和 CLASS2 两类：

- CLASS1：有应答，成功或失败的应答
- CLASS2：无应答

2．X2 接口

X2 接口是 eNodeB 间的协议，如图 4 – 28 所示。

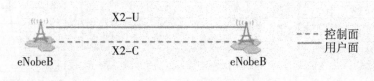

图 4 – 28　X2 接口协议

1．X2 用户面接口

X2-U 接口用于在 eNodeB 之间传输用户数据，这个接口只在 UE 从一个 eNodeB 移动到另一个 eNodeB 时使用，实现数据转发，X2-U 用户面使用 GTP-U 协议。

2．X2 控制面接口

X2-C 接口支持 eNodeB 之间信令，与用户移动有关，目的是在 eNodeB 之间传递用户上下文信息。

X2-C 接口支持负载指示，向相邻的 eNodeB 发送负载状态指示信令，支持负载平衡管理或是最优切换门限和切换判决。

二、业务信令流处理

1．LTE 协议结构

eNodeB 侧协议分为用户面协议和控制面协议，系统业务信号经过用户面协议处理后到达 SGW，系统控制信号经过控制面协议处理后到达 MME。

LTE 系统业务信号流向示意图如图 4 – 29 所示。

UE 侧数据经过 PDCP（分组数据汇聚）协议对下行数据信头进行压缩和加密，以 RLC（无线链路控制）协议对数据分段、ARQ，MAC（媒体接入控制）复用和混合 ARQ，PHY（物理层）编码、调制、天线和资源映射。eNodeB 侧对接收到的数据进行反向操作（PHY 天线和资源解映射、解调制、解码，MAC 混合 ARQ 和解复用，RLC 协议对数据级联、ARQ，PDCP 解密、头解压缩），最后经 GTPU/UDP 协议与 SGW 交互，完成系统上行业务数据处理流程，下行处理流程执行与上行相反的操作过程。

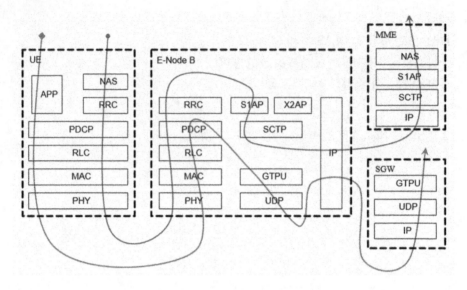

图 4-29　LTE 协议结构

当 UE 侧上层需要建立 RRC 连接时，UE 启动 RRC 连接建立过程，PDCP 协议对控制信令进行信头压缩和加密，以 RLC 协议对数据分段、MAC 复用、PHY 编码和调制后，eNodeB 侧对接收到的控制信令进行反向操作，经 S1AP/SCTP 协议与 MME 交互，完成系统控制信令处理流程。

2. 控制面协议栈

控制面协议栈实现 E-UTRAN 和 EPC 之间的信令传输，包括 RRC（Radio Resource Control，无线资源控制）信令、S1AP 信令以及 NAS（Non Access Stratum，非接入层）信令。如图 4-30 所示。

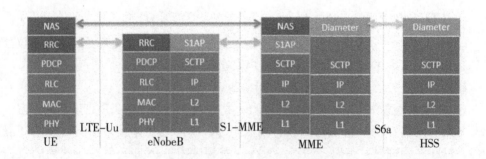

图 4-30　控制面协议栈

NAS 是完全独立于接入技术的功能和过程，是 UE 和 MME 之间的所有信令交互，包括 EMM（EPS Mobility Management，EPS 移动性管理）消息和 ECM（EPS Session

Management，EPS 会话管理）消息。这些过程都是在非接入层信令连接建立的基础上才发起的，这些过程对于无线接入是透明的，仅仅 UE 与 EPC 核心网之间的交互过程。

其中 RRC 信令和 S1AP 信令作为 NAS 信令的底层承载。RRC 支撑所有 UE 和 eNodeB 之间的信令过程，包括移动过程和终端连接管理。当 S1AP 支持 NAS 信令传输过程时，UE 和 MME 之间的信令传输对于 eNodeB 来说是完全透明的。

S6a 是 HSS 与 MME 之间的接口，此接口也是信令接口，主要实现用户鉴权、位置更新、签约信息管理等功能。

3. 用户面协议栈

用户面协议栈展示了 UE 与外部应用服务器之间通过 LTE/EPC 网络进行应用层数据交互的整个过程。用户面协议栈最左端是 UE，最右端的是应用服务器，EPS 的用户面处理节点包括 eNodeB、SGW 及 PGW。如图 4 – 31 所示。

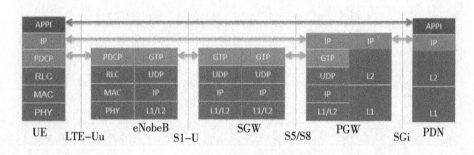

图 4 – 31 用户面协议栈

应用层数据不仅包括用户语音和网页浏览的数据，还包括应用层相关的 SIP 和 RTCP 协议。

应用层数据通过 IP 层进行路由，在到达目的地之前通过核心网中的网关（SGW 和 PGW）路由。

GTP（GPRS 隧道协议），GTP 隧道对于终端和服务器是完全透明的，仅仅更新 EPC 和 E-UTRAN 节点间的中间路由信息。

基于根据其业务质量要求所映射的 IP 数据包，LTE 无线接入网提供了一个或多个无线承载。下行链路的 LTE（用户平面）协议架构的概述如图 4 – 32 所示。

尽管在诸如传输格式的选择等方面存在一些差异，上行链路传输相关的 LTE 协议结构与图 4 – 32 中下行链路结构相似。

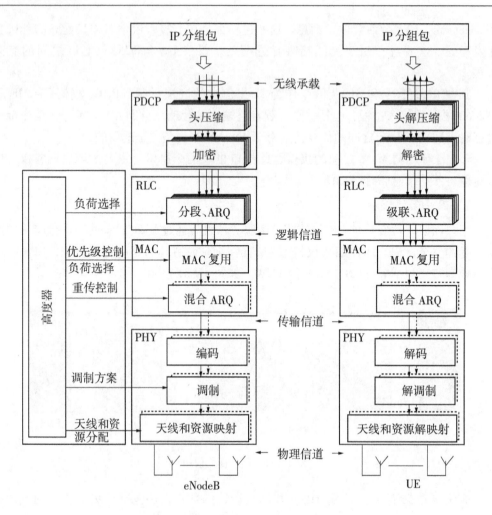

图 4 - 32   LTE 协议架构（用户面下行链路）

4. 无线空口协议栈

无线空中接口（Uu 空口）主要指 UE 和 E-UTRAN 间的接口，无线空中接口协议栈分为层 1、层 2 和层 3 三层结构（图 4 - 33 所示）；同时独立承载用户面数据和控制面数据：

层 1：主要指物理层（PHY），采用多址技术，通过信道编码和基本物理层过程，完成传输信道和物理信道之间的映射，向空口接收和发送无线数据；

层 2：包括 MAC（Media Access Control，媒体接入控制）、RLC（Radio Link Control，无线链路控制）和 PDCP（Packet Data Convergence Protocol，分组数据汇聚协议）等子层；

层 3：在控制面协议栈结构中包含 RRC（Radio Resource Control）和 NAS 子层。

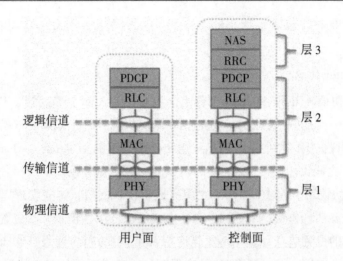

图 4 – 33 无线空口协议栈

物理层 PHY 处于无线空口协议栈的最底层，主要负责向上层提供底层的数据传输服务，有以下主要功能：①传输信道的错误检测并向高层提供指示；②传输信道的前向纠错编码（FEC）与编解码；③混合自动重传请求（HARQ）软合并；④传输信道与物理信道之间的速率匹配及映射；⑤物理信道的功率加权；⑥物理信道的调制与解调；⑦时间及频率同步；⑧射频特性测量并向高层提供指示；⑨MIMO 天线处理；⑩传输分集；⑪波束赋形；⑫射频处理。

5. S1AP 协议

S1AP 提供 E-UTRAN 和演进型分组核心网 EPC 之间（即 eNodeB 和 MME 之间）的信令服务。

S1AP 协议主要功能如下：①UE 上下文管理：包括承载的建立、修改和释放。②承载管理：包括用户在不同 eNodeB 间和不同 3GPP 技术移动时的 S1 接口切换。③NAS 信令传输过程：对应 UE 和 MME 间的信令传输，对于无线侧此过程完全透明。④寻呼：当用户被叫时使用。

6. GTP 协议

GTP（GPRS Tunnel Protocl，GPRS 隧道协议）的功能是提供网络节点之间的隧道建立，分为 GTP-C 和 GTP-U 两类。

GTP-C（GTP-控制面）负责传送路径管理、隧道管理、移动性管理和位置管理等相关信令消息，用于对传送用户数据的隧道进行控制。

GTP-U（GTP-用户面）用于对所有用户数据进行封装并进行隧道传输。

在 EPC 网络中，GTP-C 使用 GTPV2 版本，GTP-U 使用 GTPV1 版本。在 EPC 网络

中使用 GTP-C 的接口包括 S11、S3、S4、S10 以及 S5/S8。使用 GTP-U 的接口包括 S1-U 和 S12。

7. Diameter 协议

Diameter 协议被 IETF 的 AAA 工作组作为下一代 AAA 协议标准。Diameter 协议不是单一的协议，而是一个协议簇。它包括基本协议和各种由基本协议扩展而来的应用协议。基本协议提供可靠传输、消息传送和差错处理的基本机制。Diameter 协议用于 PGW 与 PCRF 之间，用于传递用户的 Qos 规则以及计费规则。

Diameter 协议用于 MME 与 HSS 之间完成鉴权、授权、位置管理以及用户数据管理等功能，主要消息包括：①鉴权消息，完成用户合法性检查；②位置更新消息，记录或更新用户的位置信息；③HSS 发起清除 MME 中的用户记录；④HSS 发起的插入用户签约数据；⑤HSS 发起删除 MME 中保存的所有或者部分用户数据；⑥MME 通知 HSS 删除去附着用户的签约数据和 MME 上下文，当用户状态变化、终端改变或者用户当前 APN（接入点名）的 P-GW 信息改变时，MME 向 HSS 发通知请求消息。

【任务实施】

一、eNodeB 传输网络配置

1. 任务分析

根据传输规划数据，完成一个 eNodeB 基站的传输数据配置。本次任务主要是熟悉 LTE 接口数据的配置，按照协议栈结构通过任务实施部分进行操作即可，配置流程如图 4-34 所示。

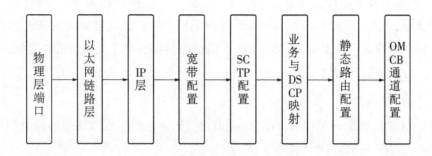

图 4-34 传输网配置流程

2. 任务训练

（1）物理层端口配置。

①选择"传输网络→物理承载→物理层端口",双击"物理层端口"。点击物理层端口列表页面左上角的"新建"图标。

②在弹出的物理层端口页面,配置相关参数。如图 4-35 所示。

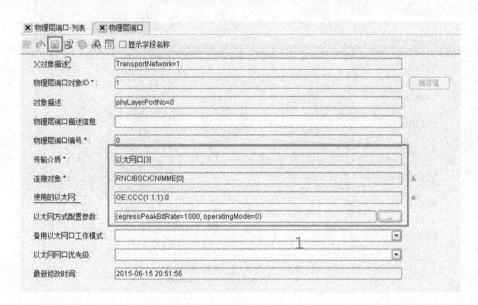

图 4-35 物理层端口配置

③点击左上角"保存"图标,对配置好的数据进行保存。

(2)以太网链路层配置。

①选择"传输网络→IP 传输→以太网链路层",双击"以太网链路层"。点击以太网链路层列表页面左上角的"新建"图标。

②在弹出的物理层端口页面,配置相关参数。以太网链路层配置如图 4-36 所示。

③点击左上角"保存"图标,对配置好的数据进行保存。

(3)IP 层配置。

①选择"传输网络→IP 传输→IP 层配置",双击"IP 层配置"。点击 IP 层配置列表页面左上角的"新建"图标。

②在弹出的物理层端口页面,配置相关参数。IP 层配置如图 4-37 所示。

③点击左上角"保存"图标,对配置好的数据进行保存。

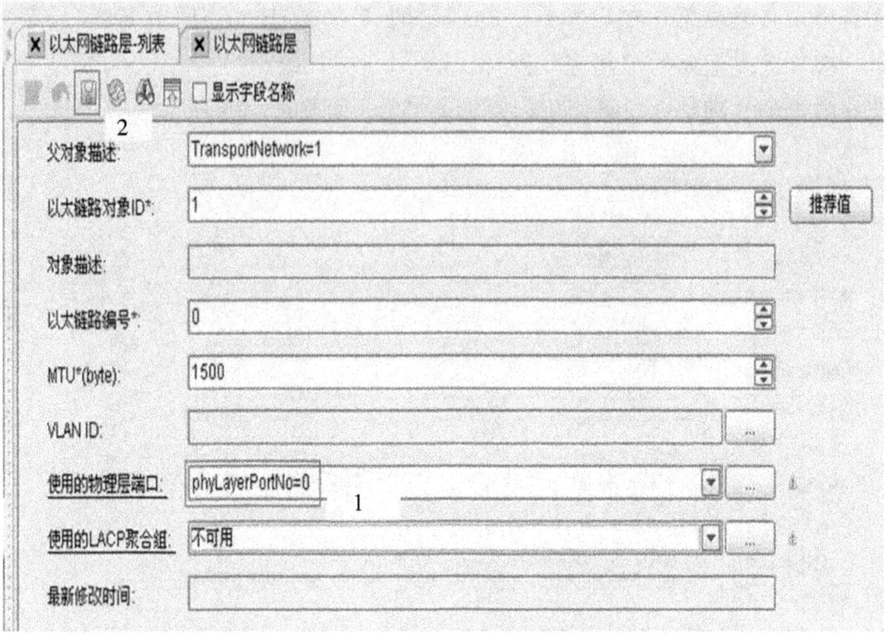

图 4－36　以太网链路层配置

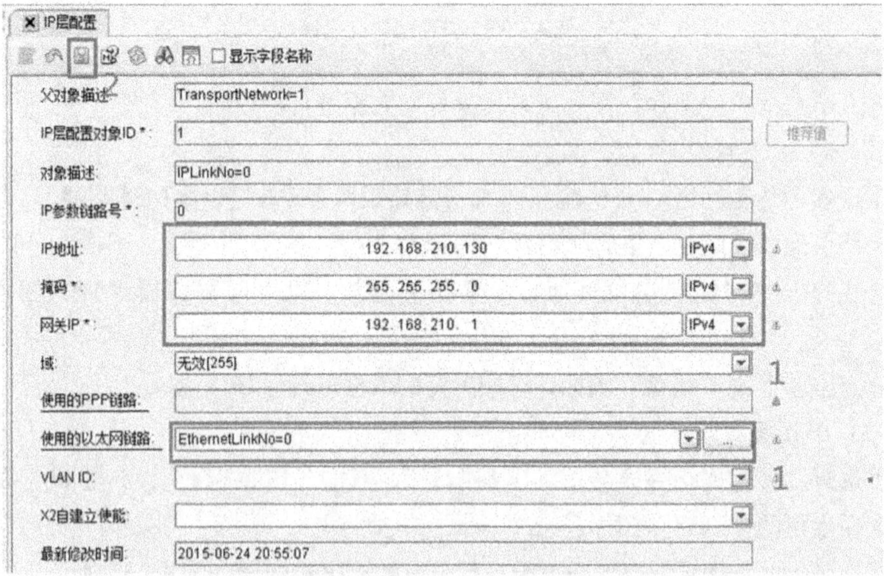

图 4－37　IP 层配置

（4）带宽配置。

后面配置业务与 DSCP 映射需要引用。配置主要分三个步骤。

第一步：

①选择"传输网络→带宽分配→带宽资源组"，双击"带宽资源组"。点击带宽资源组列表页面左上角的"新建"图标。

②在弹出的带宽资源组页面配置相关参数。带宽资源组界面如图 4 - 38 所示。

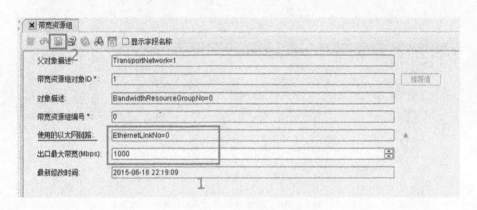

图 4 - 38　带宽资源组配置

③点击左上角"保存"图标，对配置好的数据进行保存。

第二步：

①选择"传输网络→带宽分配→带宽资源组→带宽资源"，双击"带宽资源"。点击带宽资源列表页面左上角的"新建"图标。

②在弹出的带宽资源页面配置相关参数。带宽资源界面如图 4 - 39 所示。

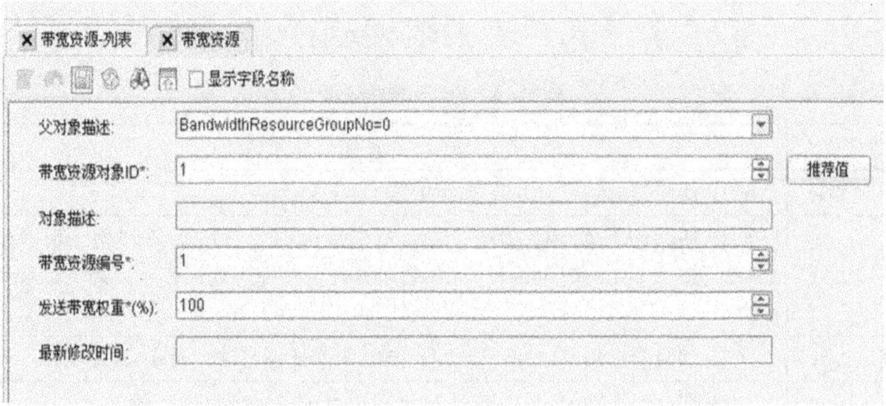

图 4 - 39　带宽资源配置

③点击左上角"保存"图标，对配置好的数据进行保存。

第三步：

①选择"传输网络→带宽分配→带宽资源组→带宽资源→带宽资源 QoS 队列"，双击"带宽资源 QoS 队列"。如图 4－40 所示。

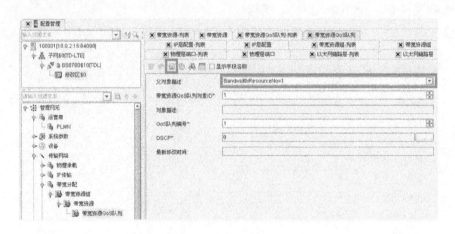

图 4－40　新建带宽资源 QoS 队列

②在弹出的带宽资源 QoS 队列页面，配置默认参数。点击左上角"保存"图标，对配置好的数据进行保存。

（5）SCTP 配置。

①选择"传输网络→信令和业务→SCTP"，双击"SCTP"。点击 SCTP 列表页面左上角的"新建"图标。

②在弹出的带宽资源页面，配置相关参数。SCTP 配置如图 4－41 所示，SCTP 参数说明如表 4－4 所示。

③点击左上角"保存"图标，对配置好的数据进行保存。

表 4－4　SCTP 参数说明

参数名称	说明
SCTP 链路号	SCTP 偶联的链路号，取值范围内用户自定义
本端端口号	SCTP 偶联的基站侧本端端口号，在取值范围内可以任意规划。现网推荐为 36412（参考 3GPP TS 36.412），如果局方有自己的规划原则，以局方的规划原则为准
远端端口号	SCTP 偶联的远端端口号，对应为 MME 本端地址，需和 MME 规划数据一致
远端 IP 地址	SCTP 偶联的远端 MME 业务 IP 地址，与 MME 侧规划数据一致

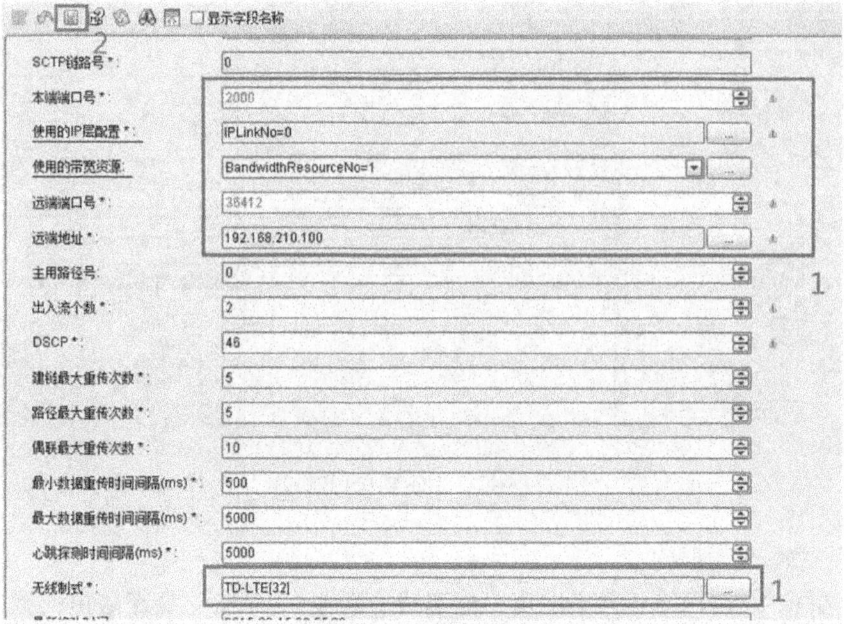

图 4 - 41　SCTP 配置

📖**说明：**

流控制传输协议（Stream Control Transmission Protocol，SCTP）是一种可靠的传输协议，它在两个端点之间提供稳定、有序的数据传递服务（非常类似于 TCP），并且可以保护数据消息边界（例如 UDP）。然而，与 TCP 和 UDP 不同，SCTP 是通过多宿主（Multi-homing）和多流（Multi-streaming）功能提供这些收益的，这两种功能均可提高可用性。

SCTP 实际上是一个面向连接的协议，但 SCTP 偶联的概念要比 TCP 的连接具有更广的概念，SCTP 对 TCP 的缺陷进行了一些完善，使得信令传输具有更高的可靠性，SCTP 的设计包括适当的拥塞控制、防止泛滥和伪装攻击、更优的实时性能和多归属性支持。

（6）业务与 DSCP 映射配置。

①选择"传输网络→信令和业务→业务与 DSCP 映射"，双击"业务与 DSCP 映射"。点击业务与 DSCP 映射页面左上角的"新建"图标。

②在弹出的"业务与 DSCP 映射"页面，配置相关参数。这部分的参数默认配置，TD-LTE 业务与 DSCP 映射这项，点击选择"按钮"后全选"内容"。如图 4 - 42所示。

③点击左上角"保存"图标，对配置好的数据进行保存。

图 4-42　业务与 DSCP 映射

（7）静态路由配置。

①选择"传输网络→静态路由→静态路由配置"，双击"静态路由配置"。点击静态路由配置列表页面左上角的"新建"图标。

②在弹出的静态路由配置页面，配置相关参数。静态路由配置界面如图 4-43 所示。

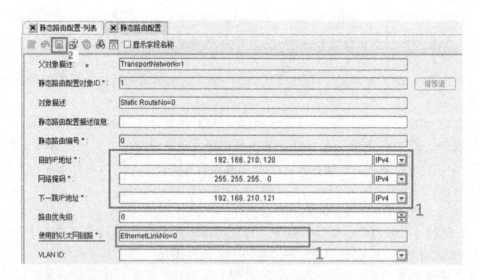

图 4-43　静态路由配置

③点击左上角"保存"图标，对配置好的数据进行保存。

（8）OMCB 通道配置。

①选择"传输网络→OMC 通道"，双击"OMC 通道"。点击 OMC 通道列表页面

左上角的"新建"图标。

②在弹出的 OMC 通道配置页面，配置相关参数，其中"OMC 服务器地址"只要填入 192.254 网段地址即可。OMC 通道配置如图 4 - 44 所示。

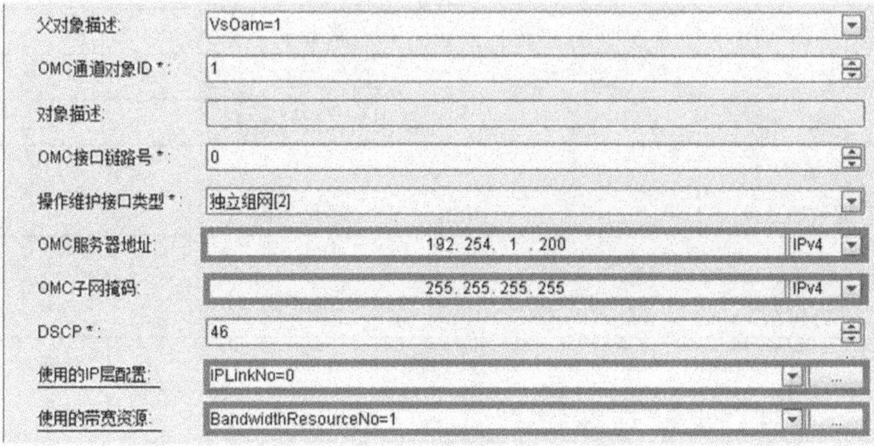

图 4 - 44　OMC 通道配置

（3）点击左上角"保存"图标，对配置好的数据进行保存。

3. 任务记录

根据实训过程中相关的参数填写下表。

物理层端口（FOR eNodeB）			
连接对象		使用的以太网	
以太网链路配置（FOR eNodeB）			
以太链路编号		使用的物理层端口	
IP 层配置（FOR eNodeB）			
IP 层配置对象 ID		IP 参数链路号	
IP 地址		掩码	
网关 IP		使用的以太网链路	
带宽配置（FOR eNodeB）			
使用的以太网链路		出口最大带宽 Mbps	
SCTP 配置（FOR MME）			
SCTP 链路号		本端端口号	
使用的 IP 层配置		使用的带宽资源	
远端端口号		远端地址	

业务与 DSCP 映射配置			
使用的 IP 层配置		使用的带宽资源	
静态路由配置（FOR SGW）			
静态路由配置对象 ID		静态路由编号	
目的 IP 地址		网络掩码	
下一跳 IP 地址		使用的以太网链路	
OMCB 通道配置			
OMC 服务器地址		OMC 子网掩码	

4. 任务评价

评价项目	评价内容	分值	得分
实训态度	1. 积极参加技能实训操作	10	
	2. 按照安全操作流程进行操作	10	
	3. 遵守纪律	10	
实训过程	1. 区分 LTE/EPC 网络中主要接口及接口协议的使用	10	
	2. 熟悉业务信令流	10	
	3. 能画出 LTE 协议结构	10	
	4. 区分用户面和控制面协议架构	10	
	5. 能根据场景完成 eNodeB 传输网络配置	10	
实训报告	报告分析、实训记录	20	
合计		100	

5. 思考练习

（1）在 S1 接口传输用户数据可以使用以下哪个协议？（　　）

A. S1AP　　　　　　B. SCTP　　　　　　C. GTP-U　　　　　D. GTP-C

（2）RLC 层和 MAC 层之间的接口是（　　）。

A. 传输信道　　　　B. 逻辑信道　　　　C. 物理信道

（3）SGW 与 PGW 之间的接口是（　　）。

A. S3　　　　　　　B. X2　　　　　　　C. S5/S8　　　　　D. S1

（4）eNodeB 和 SGW 之间使用哪种协议？（　　）

A. S1AP　　　　　　B. X2AP　　　　　　C. GTP-C　　　　　D. GTP-U

（5）EPC 中 S10 接口是什么网元间的接口？（   ）

A. MME-SGW   B. SGW-PGW   C. PGW-PCRF   D. MME-MME

（6）LTE 系统中，X2 接口是 eNB 与下面哪个网元的接口？（   ）

A. MME   B. ENB   C. RNC   D. SGSN

（7）在 LTE 下，eNodeB 通过（   ）接口连接 MME。

A. S1-U   B. S4   C. S3   D. S1-MME

学习任务 3　eNodeB 无线参数配置

【学习目标】

1. 了解频谱的划分，在配置中能正确进行配置
2. 能进行 LTE 网络参数的简单规划
3. 能根据场景进行 eNodeB 无线参数配置
4. 在数据维护中对配置数据进行备份
5. 在数据维护中对配置数据进行恢复
6. 阅读能力、表达能力以及职业素养有一定的提高

【知识准备】

一、频谱划分

频谱资源影响 LTE 系统的覆盖和容量，在频谱资源日益紧张的情况下，如何合理规划利用频谱资源成为 LTE 网络规划首先需要解决的问题。

在 3GPP 协议中，对 LTE 占用频段进行了规划，具体频段分配如表 4 - 5 所示。

表 4 - 5　3GPP 频谱分配表

频段编号	上行（UL）	下行（DL）	双工模式
1	1920～1980 MHz	2110～2170 MHz	FDD
2	1850～1910 MHz	1930～1990 MHz	FDD
3	1710～1785 MHz	1805～1880 MHz	FDD
4	1710～1755 MHz	2110～2155 MHz	FDD
5	824～849 MHz	869～894 MHz	FDD
6	830～840 MHz	875～885 MHz	FDD
7	2500～2570 MHz	2620～2690 MHz	FDD
8	880～915 MHz	925～960 MHz	FDD
9	1749.9～1784.9 MHz	1844.9～1879.9 MHz	FDD
10	1710～1770 MHz	2110～2170 MHz	FDD
11	1427.9～1452.9 MHz	1475.9～1500.9 MHz	FDD
12	698～716 MHz	728～746 MHz	FDD
13	777～787 MHz	746～756 MHz	FDD

频段编号	上行（UL）	下行（DL）	双工模式
14	788～798 MHz	758～768 MHz	FDD
15	保留	保留	FDD
16	保留	保留	FDD
17	704～716 MHz	734～746 MHz	FDD
18	815～830 MHz	860～875 MHz	FDD
19	830～845 MHz	875～890 MHz	FDD
20	832～862 MHz	791～821 MHz	FDD
21	1447.9～1462.9 MHz	1495.9～1510.9 MHz	FDD
…			
24	1626.5～1660.5 MHz	1525～1559 MHz	FDD
…			
33	1900～1920 MHz	1900～1920 MHz	TDD
34	2010～2025 MHz	2010～2025 MHz	TDD
35	1850～1910 MHz	1850～1910 MHz	TDD
36	1930～1990 MHz	1930～1990 MHz	TDD
37	1910～1930 MHz	1910～1930 MHz	TDD
38	2570～2620 MHz	2570～2620 MHz	TDD
39	1880～1920 MHz	1880～1920 MHz	TDD
40	2300～2400 MHz	2300～2400 MHz	TDD
41	2496～2690 MHz	2496～2690 MHz	TDD
42	3400～3600 MHz	3400～3600 MHz	TDD
43	3600～3800 MHz	3600～3800 MHz	TDD

根据 3GPP R10 的协议规定，LTE 的频率划分为 FDD 频段和 TDD 频段。国内现有移动通信系统频段资源分布情况如表 4–6 所示。

表 4–6　国内现有移动通信系统频段资源分布情况

运营商	上行频率/MHz	下行频率/MHz	频宽/MHz	制式	
中国移动	890～909	935～954	19	GSM900	2G
	1710～1725	1805～1820	15	DCS1800	2G
	2010～2025	2010～2025	15	TD-SCDMA	3G
	1880～1890 2320～2370 2575～2635	1880～1890 2320～2370 2575～2635	130	TD-LTE	4G

运营商	上行频率/MHz	下行频率/MHz	频宽/MHz	制式	
中国联通	909～915	954～960	6	GSM900	2G
	1745～1755	1840～1850	10	DCS1800	2G
	1940～1955	2130～2145	15	WCDMA	3G
	2300～2320 2555～2575	2300～2320 2555～2575	40	TD-LTE	4G
	1755～1765	1850～1860	10	FDD-LTE	4G
中国电信	825～840	870～885	15	CDMA	2G
	1920～1935	2110～2125	15	CDMA2000	3G
	2370～2390 2635～2655	2370～2390 2635～2655	40	TD-LTE	4G
	1765～1780	1860～1875	15	FDD-LTE	4G

LTE 迎来全球性大发展的同时，可用的全新频谱资源却十分有限，已经很难找到可以统一使用的频段。因此，如何利用现网资源实现平滑演进，就成为 LTE 迫切需要解决的问题。

目前各国运营商对于 LTE 的频率资源使用普遍采用以下两种方案：

①全新频段部署。选用 700 MHz、2300 MHz 和 2600 MHz 这部分全新频段部署 LTE 网络。

②重耕现有的 2G/3G 频段部署。2G/3G 频率资源的升级利用于 LTE 网络又称为"频率重耕"。选用现有 2G/3G 的 800 MHz、900 MHz、1800 MHz、1900 MHz 和 2100 MHz 等频段资源进行频率重耕。

二、物理资源规划

1. 无线帧结构

LTE 标准支持两种双工模式：频分双工（Frequency Division Duplexing，FDD）和时分双工（Time Division Duplexing，FDD）。因此，在 LTE 系统中定义了两种帧结构：LTE FDD 帧结构（Frame structre type 1）和 TD-LTE 帧结构（Frame structure type 2）。

LTE FDD 类型的无线帧长为 10 ms，每个无线帧包含 10 个 1 ms 的子帧，每个子帧含有 2 个时隙，每个时隙为 0.5 ms，每个时隙又由一定数量的含有循环前缀在内的 OFDM 符号组成。如图 4-45 所示。

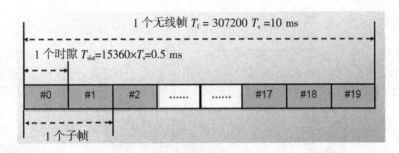

图 4 – 45　无线帧结构——类型 1（FDD）

LTE 在 TDD 模式下，一个 10 ms 的无线帧包含两个长度为 $T_f = 153600 \times T_s = 5$ ms 的半帧（Half Frame），每个半帧由 5 个长度为 $30\,720 \times T_s = 1$ ms 的子帧组成，其中有 4 个普通子帧和 1 个特殊子帧。普通子帧包含两个 0.5 ms 的常规时隙（slot），特殊子帧由下行导频时隙（DwPTS）保护时隙（GP）和上行导频时隙（UpPTS）3 个特殊时隙组成。如图 4 – 46 所示。

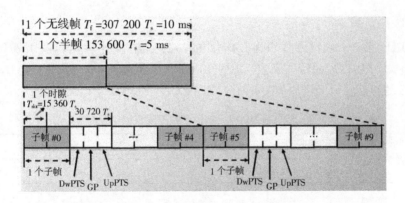

图 4 – 46　无线帧结构——类型 2（TDD）

对于 TDD，同一个时刻，一个子帧要么分配给下行，要么分配给上行。子帧 0 和子帧 5 总是分配给下行。子帧 0、子帧 5 和 DwPTS 总是用于下行发送，支持 5 ms 和 10 ms 的切换周期（如果和 TD 同一个频点，就用 5 ms，避免干扰）下行导频时隙可以做到 10 个 OFDM 符号，72 个子载波传同步信号，（1200 – 72）个传数据，TD 的下行导频不传数据，GP 和 TD 类似，控制小区半径。

2. 上下行配比方式

转换周期为 5 ms，表示每 5 ms 有一个特殊时隙。这类配置因为 10 ms 有两个上下行转换点，所以 HARQ 的反馈较为及时，适用于对时延要求较高的场景。

转换周期为 10 ms，表示每 10 ms 有一个特殊时隙。这种配置对时延的保证略差一些，但是好处是 10 ms 只有一个特殊时隙，所以系统损失的容量相对较小。上下行配比方式如图 4 - 47 所示。

配置	转换周期	子帧编号									
		0	1	2	3	4	5	6	7	8	9
0	5 ms	D	S	U	U	U	D	S	U	U	U
1	5 ms	D	S	U	U	D	D	S	U	U	D
2	5 ms	D	S	U	D	D	D	S	U	D	D
3	10 ms	D	S	U	U	U	D	D	D	D	D
4	10 ms	D	S	U	U	D	D	D	D	D	D
5	10 ms	D	S	U	D	D	D	D	D	D	D
6	5 ms	D	S	U	U	U	D	S	U	U	D

图 4 - 47　上下行配比方式

3. 特殊子帧

TD-LTE 特殊子帧继承了 TD-SCDMA 的特殊子帧设计思路，由 DwPTS、GP 和 UpPTS 组成。TD-LTE 的特殊子帧可以有多种配置，见表 4 - 7。可以改变 DwPTS、GP 和 UpPTS 的长度，但无论如何改变，DwPTS + GP + UpPTS 为 1 ms。

表 4 - 7　特殊子帧配置表

特殊子帧配置	Normal CP		
	DwPTS	GP	UpPTS
0	3	10	1
1	9	4	1
2	10	3	1
3	11	2	1
4	12	1	1
5	3	9	2
6	9	3	2
7	10	2	2
8	11	1	2

TD-LTE 的特殊子帧配置和上下行时隙配置没有制约关系，可以相对独立地进行配置。目前厂家支持 10∶2∶2（以提高下行吞吐量为目的）和 3∶9∶2（以避免远距离同

频干扰或某些 TD-S 配置引起的干扰为目的），随着产品的成熟，更多的特殊子帧配置会得到支持，如 6∶6∶2。

4．同步信号

主同步信号 PSS 在 DwPTS 上进行传输，DwPTS 时隙从 3 ～ 12 个符号数不等，除了 PSS 之外，还可以传输用户下行数据，UpPTS 可以发送短 RACH（作随机接入用）和 SRS（探测参考信号）。特殊子帧结构如图 4 - 48 所示。

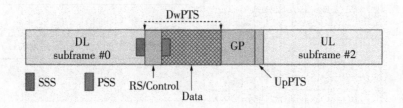

图 4 - 48　特殊子帧结构

根据系统配置，是否发送短 RACH 或者 SRS 都可以用独立的开关控制，因为 UpPTS 占用资源有限（最多仅占两个 OFDM 符号），UpPTS 不能再传输上行信令或数据。

5．资源分组

以 RB 为单位，根据传输带宽来配置 RB 的个数，当 CP 为 Normal CP 时，每个时隙有 7 个 OFDM 符号，RB 数介于 6 ～ 100 之间。

REG（Resource Element Group）为控制信道资源分配的资源单位，由 4 个 RE 组成。

CCE（Channel Control Element）为 PDCCH 资源分配的资源单位，由 9 个 REG 组成。

RBG（Resource Block Group）为业务信道资源分配的资源单位，由一组 RB 组成。

RE（Resource Element）最小的资源单位，时域上为 1 个符号，频域上为 1 个子载波，用 (k, l) 标记。

RB（Resource Block）业务信道的资源单位，时域上为 1 个时隙，频域上为 12 个子载波。物理资源结构如图 4 - 49 所示。

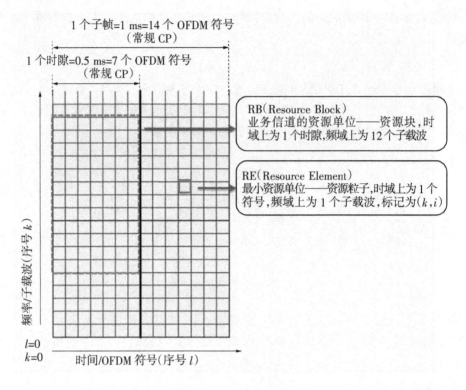

图 4 - 49　物理资源结构

6. 系统占用带宽分析

系统带宽分配见表 4 - 8。

表 4 - 8　带宽分配

名义带宽/MHz	1.4	3	5	10	15	20
RB 数目	6	15	25	50	75	100
实际占用带宽/MHz	1.08	2.8	4.5	9	13.5	18

占用带宽 = 子载波宽度 × 每 RB 的子载波数目 × RB 数目，其中子载波宽度 = 15 KHz，每 RB 的子载波数目 = 12。

三、TA 区规划

跟踪区（Tracking Area，TA）是 LTE/SAE 系统为 UE 的位置管理新设立的概念。LTE 中 TA 在小区的 SIB1（System Information Block 1）中广播。LTE 中允许 UE 在多个 TA 注册，即 TA 列表（Tracking Area List）。当 UE 离开当前 TA 或 TA 列表，或者当周期性 TA 更新定时器超时时，UE 发起 TA 更新操作，如图 4 - 50 所示。

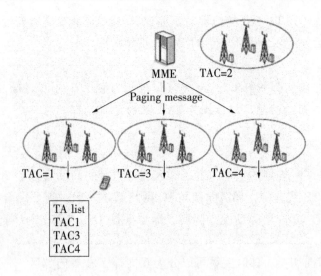

图 4 – 50　UE 发起 TA 更新

TAI（Tracking Area Identity）用来标识 TA。TAI 由 MCC、MNC 和 TAC（Tracking Area Code）三部分组成。TAC 用于标识 PLMN 内的 TA，固定长度 16 比特。TA 是小区级的配置，多个小区可以配置相同的 TA，且一个小区只能属于一个 TA。

TA 是 UE 漫游的最小单位。TA 划分应利用用户的地理分布和行为，遵循以下原则：

（1）同一 TA 中的小区应连续，同一个 TA List 中的 TA 要连续。如图 4 – 51 所示。

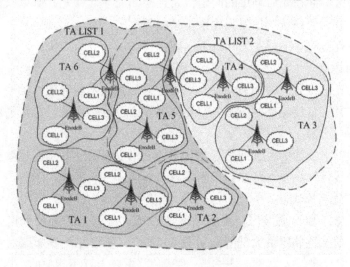

图 4 – 51　TA List

（2）TA 和 TA List 的规模要适宜，不宜过大或过小。

（3）应尽量降低 TA 更新的频率，充分利用地理边界进行 TA List 的划分。

（4）如果在划分 TA List 的边界时不能避开高人流量或高话务量的区域，相邻的 TA List 宜在高话务量或者高人流量的 TA 区进行重叠。

📖说明：

TA List 里可能包含多个跟踪区，当 UE 检测到它保存的 TA List 里 TA 与 MME 下发的 TA List 有不同的时候，随后执行 TA List 的更新过程。

四、邻区规划

邻区规划是网络规划的基本内容，邻区规划质量的高低直接影响到切换性能和掉话率指标。在 LTE 系统中，邻区原理与 3G 网络基本一致，需要综合考虑各小区的覆盖范围及站间距、方位角等情况。同时，需要关注 LTE 与 2G/3G 等异系统间的邻区规划。

根据可否双向切换，邻区关系可以分为双向邻区和单向邻区。一般场景下，地理位置上直接相邻的小区，或者覆盖范围交叠面积较大的小区，都要互为邻区。这样的邻区关系称为双向邻区。但在一些特殊的场景下，如高速单向链型覆盖场景和室内高层切换场景，可能需要配置单向邻区，即希望 A 小区切换到 B 小区，却不希望 B 小区切换回 A 小区。

根据邻区频段关系，邻区关系可以分为同频邻区、异频邻区及异系统邻区。在一般的无线系统中，同频、异频和异系统的最大邻区数目是有限制的，不支持过多的邻区配置。对于目前的 LTE 系统，同频、异频和异系统的最大邻区数目均为 32 个。

LTE 的邻区不存在先后顺序的问题，而且检测周期非常短，所以只需要考虑不遗漏邻区，而不需要严格按照信号强度来排序相邻小区。

邻区关系配置时，应尽量遵循以下原则：

（1）邻近原则。

既要考虑空间位置上的相邻关系，也要考虑位置上不相邻但在无线意义上的相邻关系，地理位置上直接相邻的小区一般要作为邻区，且必须强制为双向邻区。

（2）互易性原则。

邻区一般要求互为邻区，即 A 扇区把 B 扇区作为邻区，B 扇区也要把 A 扇区作为邻区；但在一些特殊场合，可能要求配置单向邻区。

（3）邻区适当原则。

对于密集城区和普通城区，由于站间比较近，应配置较多的邻区。目前对于同频、异频和异构系统邻区最大配置数量只有 32 个，所以在配置邻区时需要注意邻区的个数，把确实存在邻区关系的配进来，要避免将覆盖上互不相关的小区配为邻区，占用系统的邻区配额。在实际配置过程中，既要配置必要的邻区，也要避免配置过多的邻区。

对于郊区和乡镇的基站，虽然站间距较大，但一定要把位置上相邻的作为邻区，保证及时切换、避免掉话。

（4）异构系统邻区规划原则。

在 LTE 网络大规模投入使用后，LTE 网络可以承担大部分的 2G/3G 数据业务，减轻 2G/3G 网络的负荷。但同时增加了网络系统的复杂度，特别是在 LTE 和 2G/3G 切换方面，需要对 LTE 与现网的 2G/3G 小区进行合理的邻区配置，以减小区间由于切换而导致的掉话率，提高网络服务质量。

对于室外小区，LTE 与 2G/3G 邻区规划原则如下：

①LTE 网络连接覆盖区内部，与 2G/3G 网室外小区互配置同覆盖及第一层相邻小区为导系统邻区。

②LTE 网络连续覆盖区边缘，与 2G/3G 网室外小区互配同覆盖、第一层及第二层相邻小区为异系统邻区。

对于 LTE 与 2G/3G 共室内站点，LTE 与 2G/3G 邻区规划原则为：LTE 与 2G/3G 网室内站之间互配邻区，与室外站之间互配第一层相邻小区为系统邻区。

五、PCI 规划

物理小区 ID（Physical Cell ID，PCI）是 LTE 系统中小区的标识。由于 PCI 和参考信号位置有一定的对应关系，为了降低相邻小区参考信号间的干扰，需要对 PCI 进行合理规划。

终端收到的多个小区的无线信号中，不能有相同的 PCI。如果终端同时接收到两个 PCI 相同的小区导频信号，而且信号强度足够大，对于终端来说就是一种强干扰，可能导致同步或解码正常服务小区导频信道过程失败。因此，虽然同一 PCI 可以在不同小区使用，但必须间隔足够的距离（即 PCI 的复用距离）。

PCI 小区组有 168 个，每个小区组由 3 个 ID 组成，总数共有 504（16 × 3）个。LTE UE 需要先解出主同步序列（PSS，共有 3 种可能性），再解出辅同步序列（SSS，共有 168 种可能性）。由两个序列的序号组合，获取该小区 ID。

PCI 规划的目的就是在 LTE 组网中为每个小区分配一个物理小区标识 PCI（0 ～ 503），尽可能多地复用有限数量的 PCI，同时避免 PCI 复用距离过小而产生的同 PCI 之间的相互干扰。复用距离大小、间隔小区数量与实际的无线环境、网络环境相关，需要区别对待。

1. PCI 规划原则

在 LTE 网络中，PCI 规划要结合频率、RS 位置、小区关系统一考虑，才能取得合理的结果，物理小区标识规划应遵循以下原则。

（1）不冲突原则。

保证同频邻区之间的 PCI 不同。假如两个相邻小区分配相同的 PCI，这种情况下会导致重叠区域中至多只有一个小区会被 UE 检测到，而初始小区搜索时只能同步到其中一个小区，而该小区不一定是最合适的，此种情况称为冲突，如图 4-52 所示。

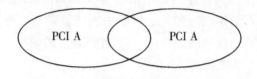

图 4-52 冲突

所以在进行 PCI 规划时，需要保证 PCI 的小区复用距离至少间隔 4 层站点以上，要大于 5 倍的小区覆盖半径。PCI 资源有限，势必复用，复用距离越远越好，复用层数越多越好。

（2）不混淆原则。

保证某个小区的同频相邻小区 PCI 值不相等，并尽量选择干扰最优的 PCI 值，即保证 PCI 组内 ID 值（PCI 模 3）不相等。

一个小区的两个相邻小区具有相同的 PCI，这种情况下如果 UE 请求切换到 ID 为 A 区，eNB 无法确定目标小区。此种情况称为混淆，如图 4-53 所示。

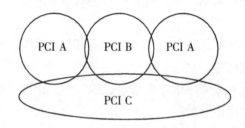

图 4-53 混淆

不混淆原则除了要求同 PCI 小区有足够的复用距离外，为了保证可靠切换，要求每个小区的邻区列表中小区 PCI 不能相同，同时规划后的 PCI 也需要满足在二层邻区列表中的唯一性。

（3）最优化原则。

保证同 PCI 的小区具有足够的复用距离，并在同频邻小区之间选择干扰最优的 PCI 值。

基于实现简单、清晰明了、容易扩展的规划原则，同一站点的 PCI 分配在同一个 PCI 组内，相邻站点的 PCI 在不同的 PCI 组内。

对于存在室内覆盖场景时，需要单独考虑室内覆站点的规划原则：对于三扇区 eNB，三个小区按照顺时针方向从正北方向开始，组内 ID 分配配置为 0、1、2；相邻

eNodeB 分配不同的小区组 ID 并在整网复用。

（4）可扩展原则。

为避免出现未来网络扩容引起 PCI 冲突问题，应适当预留 PCI 资源。

📖说明：

MOD3 干扰：PCI = 3 × SSS 序列号 + PSS 序列号。PSS 有 3 个序列，SSS 有 168 个序列，PCI 模 3 就是 PSS 的序列号，所以当 PCI 模 3 相同时，不同小区的 PSS 序列就会撞在一起，相互干扰，导致无法通过 PSS 搜到准确的定时，进而也无法准确地搜到 SSS 序列对应的 PCI。

解决 PCI 的 MOD3 干扰，相邻的小区不能取相同的 PSS 值。

2. PCI 分组建议

假如标准 LTE 宏基站配置 3 个扇区，建议前 100 组 PCI（每组 3 个 PCI 值）分配给宏站使用；中间的 41 组分配给微蜂窝、地铁、室内站和家庭基站使用，剩余的 27 组预留给本地网/跨省边界以及预留使用，规划建议见表 4 - 9。

表 4 - 9　PCI 规划建议

PCI 分组	扇区 1	扇区 2	扇区 3	备注
示例	$N \times 3 + 0$	$N \times 3 + 1$	$N \times 3 + 2$	
0	0	1	2	宏站分配区（共 100 组，双方边界 3 层内站 A/B 组）
1	3	4	5	
2	6	7	8	
…	…	…	…	
98	294	295	296	
99	297	298	299	
100	300	301	302	微蜂窝、地铁、室内站和家庭基站分配区（41 组）
101	303	304	305	
…	…	…	…	
139	417	418	419	
140	420	421	422	
141	423	424	425	省边界及备用区（共 27 组）
142	426	427	428	
…	…	…	…	
166	498	499	500	
167	501	502	503	

六、编号规则

1. 小区全球识别码（ECGI）

ECGI（E-UTRAN 小区全球识别码）由 3 部分组成，即 ECGI = MCC + MNC + ECI。ECI（E-UTRAN 小区识别码）为 28 bit 长，采用 7 位十六进制编码，即 $X_1X_2X_3X_4X_5X_6X_7$。ECI 由两部分组成，即 eNB ID + Cell ID。

eNB ID（基站标识）对应 ECI 的 $X_1X_2X_3X_4X_5$，共 20 bit。Cell ID（扇区标识）对应 ECI 的 X_6X_7，是 ECI 的后 8 bit。

2. SAE 临时移动用户标识（S-TMSI）

S-TMSI（SAE 临时移动用户标识），由 MME 产生并维护。在一个 MME POOL 内唯一标识一个 UE，用来保证无线信令流程更加有效，如寻呼和业务请求流程。

3. 全球唯一临时标识（GUTI）

GUTI（全球唯一临时标识）用于在网络中对用户的临时标识，由 MME 提供并维护，提供 UE 标识符的保密性。GUTI 的组成如图 4-54 所示。

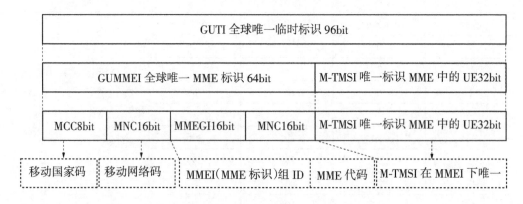

图 4-54 GUTI

七、IP 地址及 VLAN 规划

为加强网络的维护管理，保证网络通信全程协调的统一性，需要对 IP 地址及 VLAN 进行规划。

1. eNodeB 的 IP 地址及 VLAN 规划方案

（1）eNodeB 的 IP 地址类型方案。

eNodeB 的 IP 地址可采用公网和私网两种方式，其方案比较如表 4-10 所示。

表 4 - 10　eNodeB 的 IP 地址分配类型比较表

	方案 1	方案 2
方案描述	eNodeB 采用公网 IP 地址	eNodeB 采用私网 IP 地址
优点	不会造成 IP 地址冲突	网络的安全性高，节省公网 IP 地址资源
缺点	网络的安全性低，容易受到外界的攻击	可能造成 IP 地址冲突

eNodeB 采用私网 IP 地址可能造成 IP 地址冲突，可以通过用精确的 IP 地址来解决，即了解清楚现有 IP 专网和网管网络的 IP 地址情况后再进行分配。因此建议采用方案 2，即 eNodeB 采用私网 IP 地址，考虑到一个城市可能需要发展到上万个基站，建议分配一个 B 类的私网地址，便于扩展。另外，相邻省份进行沟通协调，保证涉及省际切换的基站不造成地址的冲突。

（2）eNodeB 的 IP 地址分配数量方案。

考虑到 eNodeB 与核心网之间的数据分组主要由信令、媒体和网管三部分组成，目前主要有为每个 eNodeB 可分配 1 个 IP、2 个 IP 或 3 个 IP 地址的 3 个方案，其优缺点的比较如表 4 - 11 所示。

表 4 - 11　eNodeB 的 IP 地址分配数量比较表

方案	方案 1（1IP）	方案 2（2IP）	方案 3（3IP）
方案描述	为 1 个 eNodeB 分配 1 个 IP 地址，信令、业务、网管共用 1 个 IP 地址	为 1 个 eNodeB 分配 2 个 IP 地址，信令、业务共用 1 个 IP 地址，网管使用另一个 IP 地址	为 1 个 eNodeB 分配 3 个 IP 地址，信令、业务、网管分别使用 1 个 IP 地址
优点	占用 IP 地址数量少，规划简单	扩展性强，网络结构清晰，安全性高	扩展性强，网络结构清晰，安全性高
缺点	存在一定的安全隐患，可扩展性较弱	需要 IP 地址较多，规划较复杂	需要 IP 地址多，规划复杂

建议采用方案 2，即为 1 个 eNodeB 分配 2 个 IP 地址，信令、业务共用 1 个 IP 地址，网管使用另一个 IP 地址，既提高了系统的安全性，又使网络具有较高的可扩展性。

（3）eNodeB 的 VLAN 分配数量方案。

根据 1 个 VLAN 下的 eNodeB 组网规模的大小分为三种方案。方案 1：1 个 eNodeB 组成 1 个子网；方案 2：CE 下挂的所有 eNodeB 组成 1 个子网；方案 3：若干个（10 个左右）eNodeB 组成 1 个子网。

（4）UE 的 IP 地址规划方案。

在 LTE 网络中，UE 必须至少获得一个 IP 地址（IPv4 或 IPv6）来正常访问网络。地址分配可以在默认承载建立时进行，也可以在默认承载之后进行。在用一个 PDN 连接中，为默认承载分配的地址也可用于志用承载，即专用承载使用其对应的默认承载的 IP 地址，网络不再为专用承载分配单独的 IP 地址。

在默认承载激活时，如果没有分配 IPv4 地址，UE 应该发起地址分配，以获得至少一个 IP 地址。为 UE 分配 IP 地址有以下 3 种方法。

①当默认承载激活时，由 HPLMN 为 UE 分配动态或静态 HPLMN 地址。

②由 VPLMN 为 UE 分配动态或静态 VPLMN 地址，至于用动态的 HPLMN 还是 VPLMN 地址，则由运营商来决定。

③进行外部 PDN 地址分配，由 PDN 运营商或管理机构为 UE 分配动态或静态 IP 地址。

【任务实施】

一、eNodeB 数据规划

1．任务分析

某市移动的 TD-LTE 一期背后建项目计划开通 72 个 TD-LTE 站点，目前该市已经拥有完善的 GSM 网络和 TD-SCDMA 网络。为了快速完成组网，尽快实现商用，计划本期工程全部在现有城区 TD-SCDMA 站点的基础上进行双模改造模式组网。现需要完成这些站点的参数规划。按照省公司的统一规划，该市基站的 IP 地址分配了172．23．170．0～172．23．170．255 和 172．33．170．0～172．33．170．255 两个网段，其中172．23．×．×作为基站的业务 IP 与 EPC 相连，172．33．×．×作为基站的操作维护 IP 与省公司的集中网管连接，用于 OMC 链路。图 4 - 55 是选取的部分站点分布，请同学们根据站点分布和已知条件完成参数的规划。规划的流程主要分为信息收集、传输规划和无线参数规划 3 个步骤。

2．任务训练

1）信息收集

结合知识准备及分析内容，得出比较重要的信息有：

（1）由于是和 TD-SCDMA 双模组网，因此使用的频段应该是频段（A 频段 2010 - 2025 MHz、D 频段 2570 - 26205 MHz、E 频段 2320 - 23705 MHz、F 频段 1880 - 19205 MHz），并且邻区至少需要加 4G 邻区和 3G 邻区。

（2）该市运营商给出的业务 IP 和 OMC IP 两个网段不相同，传输组网模式应该是

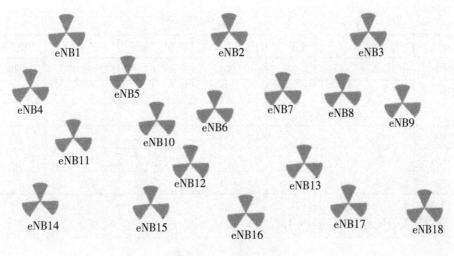

图 4 – 55　站点分布图

采用的组网结构（1IP、2IP、3IP）。

2）传输规划

由于本市基站数不多，因此按 26 位掩码进行 IP 分配（可根据各城市网张规模及传输组网情况设置掩码的位数），每个基站规划两个 IP 和两个 VLAN ID。业务面 PTN 的 L3 地址使用 172. 23. 170. 1；操作维护面 PTN 的 L3 地址使用 172. 33. 170. 1。规划见任务记录中的表 4 – 12 基站传输规划表。

3）无线参数规划

（1）PCI 规划。

①PCI 的分组：为了满足 PCI 规划的约束条件，首先将 PCI 按照模 3 约束条件分成 3 个 PCI 一组，再将同一组的 PCI 分配给同一个基站，相邻站点的 PCI 在不同的 PCI 组的原则进行分配，PCI 分配表见任务记录中的表 4 – 13 PCI 分配表。

②在图上将分组的 PCI 规划到每个站，见任务记录中的图 4 – 55 各站点 PCI 规划图。

（2）邻区的规划。

由于本市是和 3G 双模共站模式建站，因此除了按照规定添加 4G 邻区外还需要添加 2G 和 3G 邻区。按照前面"4G 室外小区：4G 与 3G 共站"场景配置 4G、3G 和 2G 邻区即可。

3. 任务记录

（1）基站传输规划记录（表 4 – 12）。

表 4 - 12　基站传输规划表

Name	业务掩码	业务 IP	业务 VLAN	OMC 掩码	OMC IP	OMC VLAN
eNB1	26	172. 23. 170. 2	1001	26	172. 33. 170. 2	2001
eNB2	26					
eNB3	26					
eNB4	26					
eNB5	26					
eNB6	26					

（2）PCI 分配记录（表 4 - 13）。

表 4 - 13　PCI 分配表

PCI 规划结果	PCI 模 3	PCI 规划结果	PCI 模 3
0	0	6	
1	1	7	
2	2	8	
3		9	0
4		10	1
5		11	2

（3）在地图上将分组的 PCI 规划到每个站点（图 4 - 56）。

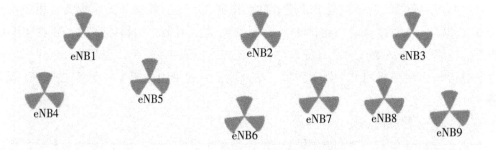

图 4 - 56　各站点 PCI 规划图

二、eNodeB 无线参数配置

1. 任务分析

根据现实场景（设备间设备）完成一个 LTE 小区的数据配置并同步到基站。

eNodeB 的小区数据配置流程如图 4 – 57 所示。

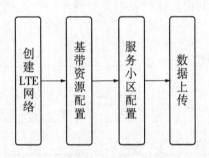

图 4 – 57　小区数据配置流程

2. 任务训练

（1）创建 LTE 网络。

①选择"无线参数→TD-LTE"，双击 TD-LTE。点击 TD-LTE 列表页面左上角的"新建"图标。

②在弹出的 TD-LTE 配置页面配置相关参数。如图 4 – 58 所示。

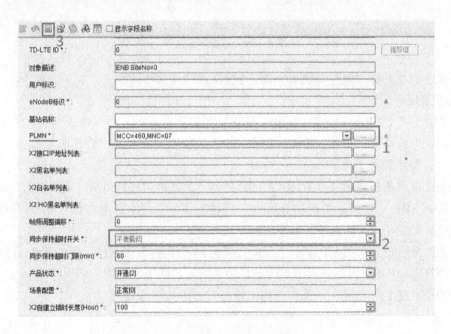

图 4 – 58　TD-LTE 配置

③点击左上角"保存"图标，对配置好的数据进行保存。

（2）基带资源配置。

①选择"无线参数→资源接口配置→基带资源"，双击"基带资源"。点击基带

资源列表页面左上角的"新建"图标。

②在弹出的基带资源配置页面配置相关参数。如图 4 - 59 所示。

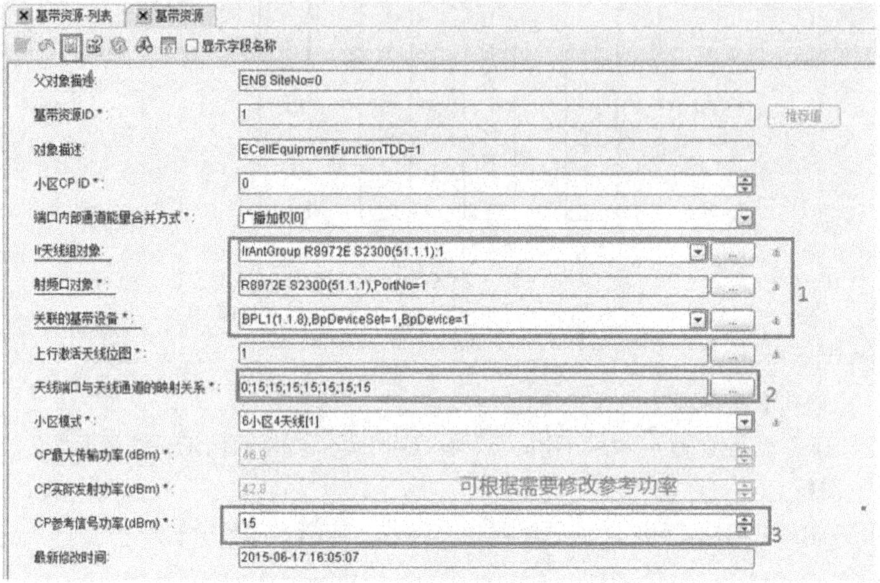

图 4 - 59　基带资源配置

③点击左上角"保存"图标，对配置好的数据进行保存。

📖说明：

其中小区 CP ID 参数一项，范围是 0—2，表示一个 LTE 小区内最多只有 3 个 CP。一般从 0 开始编号。发射和接收设备配置中，天线端口有标数字，代表着频段。

（3）配置服务小区。

①选择"无线参数→E-UTRAN TDD 小区"，双击"E-UTRAN TDD 小区"。点击 E-UTRAN TDD 小区列表页面左上角的"新建"图标。"小区参考信号功率（dBm）"可通过配置后在列表中查看。如图 4 - 60 所示。

②在弹出的 E-UTRAN TDD 小区配置页面通过滚动条往下拉，配置相关参数。E-UTRAN TDD 小区配置如图 4 - 61 所示，小区配置参数说明见表 4 - 14。

③点击左上角"保存"图标，对配置好的数据进行保存。

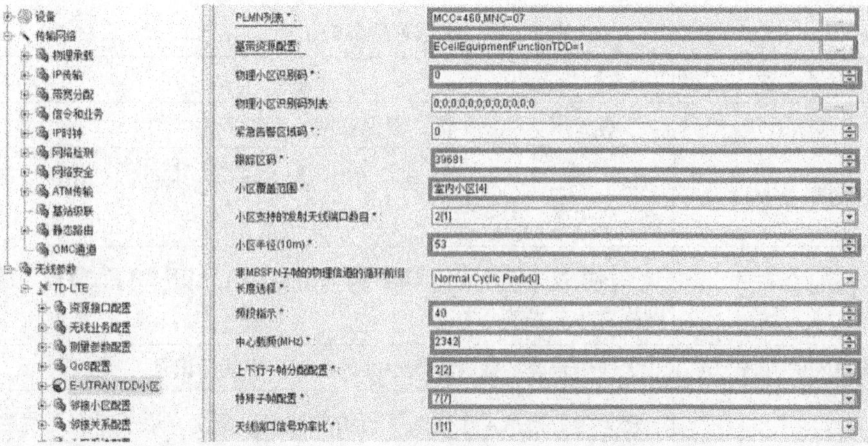

图 4 – 60 新建 E-UTRAN TDD 小区

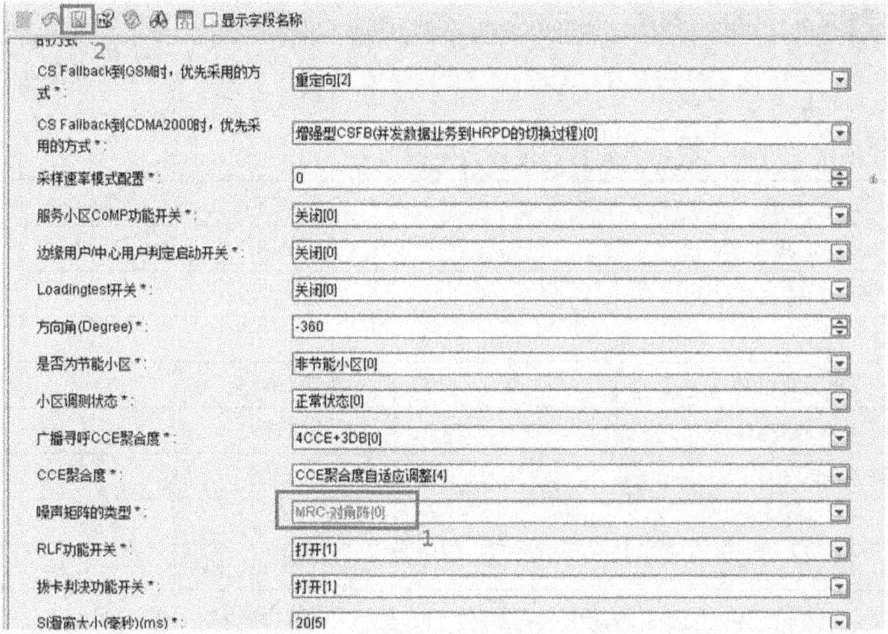

图 4 – 61 E-UTRAN TDD 小区配置

表 4-14 小区配置参数说明

参数名称	说明
小区标识 ID	该参数用于标识小区，需保持网元下唯一性
RRU 链路光口	指示该小区与 BBU 上连接 RRU 接口号，从而配置与 RRU 物理设备资源对应关系
跟踪区码 TAC	网络参数，PLMN 内跟踪区域的标识，用于 UE 的位置管理，需在核心网配置相关参数
物理小区识别码 PCI	无线侧资源参数，标识小区的物理层小区标识号
频段指示、中心载频、频域带宽	该组参数指示了小区上下行的频域资源配置，用于确定无线物理信道的频域位置和资源分配等，其中中心载频的设置随着"频段指示"的取值而获得不同的频谱范围。该配置需要与 RRU 支持频段范围、终端频率配置三者间要匹配
上下行子帧分配配置、特殊子帧配置（TDD）	为 TDD 特有参数，配置上下行子帧时间配比和 TDD 帧结构中特殊子帧配置

3. 任务记录

根据实训过程，把相关的参数填写在下表。

创建 LTE 网络			
eNodeB 标识		PLMN	
同步保持超时开关		产品状态	

基带资源配置			
IR 天线组对象		射频口对象	
关联的基带设备		小区模式	

配置服务小区			
小区标识		PLMN 列表	
基带资源配置		物理上区识别码	
跟踪区码		小区覆盖范围	
小区支持的发射天线端口数目		小区半径（10 m）	
小区参考信号功率		频段指示	
中心频率（MHz）		上下行子帧分配配置	
特殊子帧配置		小区系统频域带宽	

4. 任务评价

评价项目	评价内容	分值	得分
实训态度	1. 积极参加技能实训操作	10	
	2. 按照安全操作流程进行操作	10	
	3. 遵守纪律	10	
实训过程	1. 了解频谱的划分，在配置中能正确进行配置	10	
	2. 能进行 LTE 网络参数的简单规划	10	
	3. 能根据场景进行 eNodeB 无线参数配置	10	
	4. 在数据维护中对配置数据进行备份	10	
	5. 在数据维护中对配置数据进行恢复	10	
实训报告	报告分析、实训记录	20	
合计		100	

5. 思考练习

(1) 在 LTE 中，20 M 的系统带宽对应多少个 RB？（　　）

A. 10　　　　　　B. 50　　　　　　C. 70　　　　　　D. 100

(2) 一个 RB 包含多少个 RE？（　　）

A. 12　　　　　　B. 36　　　　　　C. 82　　　　　　D. 84

(3) R8 TDD 特殊子帧配置一共有几种类型？（　　）

A. 3　　　　　　B. 5　　　　　　C. 7　　　　　　D. 9

(4) LTE 系统中一个 RB 对应时间是多少？（　　）

A. 1 ms　　　　　　　　　　　　B. 0. 5 ms

C. 6 个子载波　　　　　　　　　　D. 12 个子载波

(5) 一个无线帧包括（　　）。

A. 20 个时隙　　　　　　　　　　B. 20 个子帧

C. 10 个时隙　　　　　　　　　　D. 120 个 OFDM 符号

学习任务 4　业务验证

【学习目标】

1. 能描述 LTE 信道功能
2. 能说出信道的映射关系
3. 清楚小区搜索和同步过程
4. 能说出手机随机接入过程
5. 能描述小区选择/重选过程
6. 能描述小区切换情况
7. 能正确进行业务测试
8. 阅读能力、表达能力以及职业素养有一定的提高

【知识准备】

一、随机接入

1. LTE 信道格式与映射

1）LTE 物理信道

LTE 系统的下行物理信道包括物理广播信道（Physical Broadcast Channel，PBCH）、物理控制格式指示信道（Physical Control Format Indicator Channel，PCFICH）、物理 HARQ 指示信道（Physical hybrid-ARQ Indicator Channel，PHICH）、物理下行控制信道（Physical Downlink Control Channel，PDCCH）、物理下行共享信道（Physical Downlink Shared Channel，PDSCH）、物理多播信道（Physical Multicast Channel，PMCH）。

LTE 系统的上行物理信道包括物理上行控制信道（Physical Uplink Control Channel，PUCCH）、物理上行共享信道（Physical Uplink Shared Channel，PUSCH）、物理随机接入信道（Physical Random Access Channel，PRACH）。

（1）下行物理信道。

①物理广播信道。

广播信道分为主信息块（Master Information Block，MIB）和系统信息块（System Information Block，SIB）两部分，MIB 信息承载在 PBCH 信道上，SIB 信息在 PDSCH 信道上承载。

PBCH 位于子帧 0 时隙 1 的前 4 个 OFDM 符号，频域上占用中间的 6 个 RB 的 72

个子载波，调制方式 QPSK。

MIB 信息主要内容为：系统带宽指示、系统帧号、PHICH 资源指示信息。

②物理传输格式指示信道。

指示一个子帧内 PDCCH 所占 OFDM 符号数（1、2、3 或 4），调制方式 QPSK。

资源映射：映射到该子帧第一个 OFDM 符号的 4 个 REG 中扩展到整个带宽，充分捕获频率分集增益。

③物理 HARQ 指示信道。

承载 PUSCH 信道的 ACK/NACK 应答，调制方式 BPSK。

不同 PHICH 信道映射到相同的 RE 构成 PHICH 组：1 PHICH group = 8 PHICHs（normal cp）；1 PHICH group = 4 PHICHs（extend cp）。

④物理下行控制信道。

承载下行物理层控制信令：包括上/下行数据传输的调度信息和上行功率控制命令信息。根据 PCFICH 指示，映射在一个子帧的前 N（$N \leqslant 4$）个 OFDM 符号。调制方式 QPSK。

⑤物理下行共享信道。

承载下行业务数据。调制方式 QPSK，16QAM，64QAM。

⑥物理多播信道。

在支持 MBMS 业务时，用于承载多小区的广播信息。调制方式为 QPSK、16QAM、64QAM。

（2）上行物理信道。

①上行物理控制信道。

上行的控制信息（UCI）的周期上报，这些上行控制信息包括 HARQ-ACK、SR、CQI、PMI、RI。不能与 PUSCH 同时传输，具有多种格式。

②上行物理共享信道。

承载上行数据，承载来自上层不同逻辑信道的传输内容，包括控制信息、用户业务信息、广播业务信息。调制方式为 QPSK、16QAM、64QAM。为保证上行单载波特性，需要将数据映射到连续的资源。

③物理随机接入信道。

用于 UE 随机接入时发送 preamble 信息。PRACH 在频域占用 6 个 RB。

随机接入信号是由 CP（长度为 T_{CP}）、前导序列 Preamble（长度为 T_{PRE}）、和 GT 三个部分组成，前导序列与 PRACH 时隙长度的差为 GT，用于抵消传播时延。

Preamble 使用 Zadoff-Chu 序列产生，根据时域结构、频域结构以及序列长度的不同，可以将 Preamble 分为如下格式：

Format 0 ～ 3：子载波间隔 1.25 KHz，常规子载波间隔的 1/12，1 个 PRACH 信道包含 864 个子载波（$6 \times 12 \times 12 = 864$），长度为 839 的 preamble 序列被映射至中间的

839 个子载波上。

Format 4：子载波间隔 7.5 KHz，常规子载波间隔的 1/2，1 个 PRACH 信道包含 144 个子载波（$6 \times 12 \times 2 = 144$），长度为 139 的 preamble 序列被映射至中间的 139 个子载波上。

2）逻辑信道

MAC 向 RLC 以逻辑信道的形式提供服务。逻辑信道由其承载的信息类型所定义，分为控制信道（CCH）和业务信道（TCH），CCH 用于传输 LTE 系统所必需的控制和配置信息，TCH 用于传输用户数据。LTE 规定的逻辑信道类型如下：

（1）广播控制信道。

广播控制信道（Broadcast Control Channel，BCCH）用于传输从网络到小区中所有移动终端的系统控制信息。移动终端需要读取在 BCCH 上发送的系统信息，如系统带宽等。

（2）寻呼控制信道。

寻呼控制信道（Paging Control Channel，PCCH）用于寻呼位于小区级别中的移动终端，终端的位置网络不知道，因此寻呼消息需要发到多个小区。

（3）专用控制信道。

专用控制信道（Dedicated Control Channel，DCCH）用于传输来去于网络和移动终端之间的控制信息。该信道用于移动终端单独的配置，诸如不同的切换消息。

（4）多播控制信道。

多播控制信道（Multicast Control Channel，MCCH），用于传输请求接收 MTCH 信息的控制信息。

（5）专用业务信道。

专用业务信道（Dedicated Traffic Channel，DTCH），用于传输来去于网络和移动终端之间的用户数据。这是用于传输所有上行链路和非 MBMS 下行用户数据的逻辑信道类型。

（6）多播业务信道。

多播业务信道（Multicast Traffic Channel，MTCH）用于发送下行的 MBMS 业务。

3）传输信道

对物理层而言，MAC 以传输信道的形式使用物理层提供的服务。

LTE 中规定的传输信道类型如下：

（1）广播信道。

广播信道（Broadcast Channel，BCH），用于传输 BCCH 逻辑信道上的信息。

（2）寻呼信道。

寻呼信道（Paging Channel，PCH），用于传输在 PCCH 逻辑信道上的寻呼信息。

（3）下午共享信道。

下行共享信道（Downlink Share Channel, DL-SCH），用于在 LTE 中传输下行数据的传输信道。它支持诸如动态速率适配、时域和频域的依赖于信道的调度、HARQ 和空域复用等 LTE 的特性。类似于 HSPA 中的 CPC。DL-SCH 的 TTI 是 1ms。

（4）多播信道。

多播信道（Multicast Channel, MCH）用于支持 MBMS。

（5）上行共享信道。

上行共享信道（Uplink Share Channel, UL-SCH），和 DL-SCH 对应上行信道。

4）物理信道映射

LTE 系统各个信道的映射关系如图 4-62、图 4-63 所示。

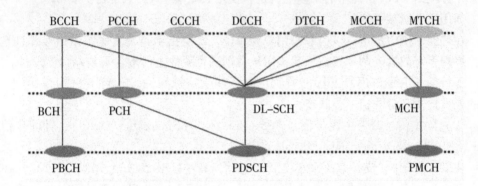

图 4-62　下行信道映射

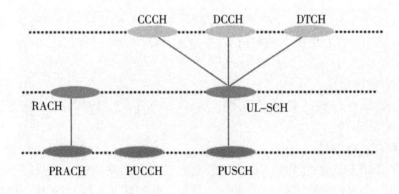

图 4-63　上行信道映射

2. LTE 物理信号

物理信号对应物理层若干 RE，但是不承载任何来自高层的信息。

1）下行物理信号

下行物理信号包括参考信号和同步信号。

（1）参考信号分为小区专属参考信号（Cell-Specific RS，CRS）、MBSFN 参考信号、用户专属参考信号（UE-Specific RS，Dedicate RS，DRS）3 种。

①小区专用参考信号。

在不支持 MBSFN 的小区的所有下行子帧上传输，若子帧已用于传输 MBSFN，那么只有子帧的前两个 OFDM 符号可以用于传输，小区专用参考信号能在天线端口 0～3 中的一个或几个上传输。参考信号序列与小区 ID，帧的位置，OFDM 符号序号，CP 等有关。参考信号映射初始位置与小区 ID，RB 序号，天线端口号，OFDM 符号序号等有关。

②MBSFN 参考信号。

在分配给 MBSFN 传输的子帧上传送，使用天线端口 4。只支持扩展 CP。

③用户专属参考信号。

在普通子帧中发送，该信号以用户为单位，高层指示是否发送了该信号并且是否用作终端下行数据解调。仅在承载该用户数据的资源块上传输，天线端口 5 发送。

下行参考信号作用：下行信道质量测量（信道探测）；下行信道估计，用于 UE 侧的相干检测和解调；下行同步。

（2）同步信号分为主同步信号 PSS（Primary Synchronization Signal）、辅同步信号 SSS（Secondary Synchronization Signal）2 种。

在 TD-LTE 中，支持 504 个小区 ID，并将所有小区 ID 划分为 168（范围 0～167）个小区组，每个小区组内有 3（范围 0～2）个小区 ID。小区搜索的第一步是检测出 PSS，再根据二者间的位置偏移检测 SSS。在检测 PSS 和 SSS 的过程中获得 5 ms 定时和 10 ms 定时。

主同步信号在 DwPTS 域发送，辅同步信号在子帧 0 的最后一个 OFDM 符号发送。

主同步信号仅仅在时隙 0 和时隙 10 中发送，辅同步信号仅仅在时隙 0 和时隙 10 中发送。

2）上行物理信号

上行物理信号包括解调参考信号（Demodulation RS，DMRS）和探测参考信号（Sounding RS，SRS）。

（1）解调参考信号。

使用 Zad-off Chu 序列生成，产生之后直接映射到资源元上，不作任何编码的处理。占用每一个 Slot 中的第 4 个 SC-FDMA 符号，其频域宽度与 PUSCH 占用的 PRB 一致，频域上连续，不同用户使用参考信号序列的不同循环移位值进行区分。PUCCH 用解调参考信号用作求取信道估计矩阵，与 PUSCH 用解调参考信号基本一致。

（2）探测参考信号。

独立进行发射，用作上行信道质量的估计与信道选择，计算上行信道的 CINR，用于上行信道调度。

符号位置：位于配置 SRS 的上行子帧的最后一个 SC-FDMA 符号；对于 UpPTS，

其所有符号都可以用于传输 SRS。

子帧位置（SRS sub-frame configuration）：UE 通过广播信息获知哪一个子帧中存在 SRS。配置了 SRS 的子帧的最后一个 SC-FDMA 符号预留给 SRS，不能用于 PUSCH 的传输。

子帧偏移（Sub-frame offset）：UE 通过 RRC 信令获得 SRS 所在的具体子帧位置。

持续时间（Duration）：UE 通过 RRC 信令获知其传输时间是一次性的还是无限期的。

周期（Period）：UE 通过 RRC 信令获知其在一个持续时间内传输的周期，支持 2，5，10，20，40，80，160 ms。

3. 小区搜索和同步

在 LTE 终端能与 LTE 网络进行通信之前，必须完成以下工作：找到网络内的小区并与之同步；接收并解码与小区进行通信以及正常工作所必要的信息，这些信息也被称作小区系统信息。

1）手机开机过程

（1）PLMN 选择。

P-SCH、S-SCH 和 PBCH 所处位置和系统带宽无关，从而使 UE 可在系统带宽未知情况下完成小区搜索。UE 会根据自身能力在 E-UTRAN 频段中扫描所有的载频信道，以寻找可用的 PLMN。UE 将搜索最强小区，读取其系统信息来确定这个小区所归属的 PLMN。如果在最强小区上读到了一个或多个 PLMN，UE 将把所找到的满足一定质量门限 PLMN 作为高质量 PLMN 报给 NAS；能获取到 PLMN ID，但是不满足质量门限的 PLMN 将和测量值一起上报给 NAS 层。PLMN 的选择结果由 NAS 层给出。一旦选定了 PLMN，就可以进行小区选择了。

（2）小区选择。

小区选择分为：初始小区选择（Initial Cell Selection）和存储信息小区选择（Stored Information Cell Selection）。

初始小区选择无须 E-UTRAN 载频对应射频信道的先验知识，UE 会根据能力扫描在 E-UTRAN 的频带内扫描所有射频信道，在每个载频上 UE 需要搜索一个最好小区，一旦找到一个合适小区，就选择这个小区。

存储信息小区选择需要根据 UE 通过以前的测量控制信元或者检测到小区储存起来的载频信息，为指导进行小区选择。如果找到合适小区，就选择这个小区；否则还是要发起初始小区选择。

小区搜索目的：

- 检测小区的物理层小区 ID（PCI）；
- 完成下行时间/频率同步；
- 下行 CP 模式检测：正常（normal）或扩展（extended）模式；
- 检测 eNodeB 所用的发射天线端口数；
- 读取 PBCH（即 MIB）；

● 获取 SFN、下行系统带宽和 PHICH 配置信息。

2）小区搜索过程

小区搜索步骤如图 4 – 64 所示。

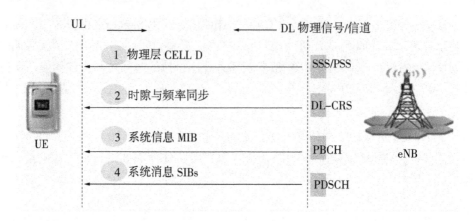

图 4 – 64　小区搜索

（1）PSS、SSS 信号搜索。

UE 开机后，在几个不同的中心频点上搜索 PSS，根据信号强弱，锁定服务小区的频率和小区 ID，再通过继续搜索 SSS 信号，完成帧同步，并获取小区组 ID，和小区 ID 结合获得物理层 CELL ID。

（2）DL-CRS 导频信号解调。

检测下行参考信号 CRS 公共导频信号，获取 BCH 的天线配置，并完成空口物理时隙和频率的精准同步。

（3）PBCH 信道解调。

完成帧同步后，终端可以读取广播信道 PBCH，可以获得系统带宽、SFN（系统帧数）、天线数、物理信道 PHICH 的配置等主信息块（Master Information Block，MIB）信息。MIB 在 PBCH 中承载 PBCH 每 10 ms 无线帧出现一次，位于 Slot#1 前 4 个 OFDM 符号中央 6 个 RB，UE 首先需要读取 PBCH 来获取接收其他系统消息的必要信息（SFN、下行系统带宽、PHICH 配置）。

（4）PDSCH 信道解调。

系统信息分成 MIB 和 SIBs（System Information Blocks），MIB 仅包含了有限个重要、最常用的传输参数。终端可以通过解调下行共享信道 PDSCH 读取 SIBs，获取更多例如小区接入信息、邻区列表等系统信息。SIB（System Information Block）包含 SIB1 ～ SIB11，均映射到 PDSCH SIB1，重复周期是 80 ms（位于 SFN mod 8 = 0 边界），每重复周期内传输 4 次（位于 SFN mod 2 = 0 无线帧），SIB1 携带了其他 SIB 的调度信息（SI 序号、窗长、周期），基于这些调度信息来读取其他 SIB，每个 SI 包含一个或多个 SIB，并可在 SI 窗内重复发送。UE 通过 HARQ 重传合并（不带 ACK/NACK 反馈）提高系统消息接收性能。

4. 随机接入过程

对于任意一个蜂窝通信系统的最基本要求之一就是终端可以发起建立连接的请求，通常就是指随机接入。在 LTE 中，随机接入用于以下几个目的：①在建立无线链路过程中的初始接入（从 RRC_IDLE 状态切换到 RRC_CONNECTED 状态）；②在无线链路建立失败之后的链路重建；③支持 eNodeB 之间的切换过程；④取得/恢复上行同步；⑤向 eNodeB 请求 UE ID；⑥向 eNodeB 发出上行发送的资源请求。

以上这些情况的一个主要目标就是获取上行同步，在建立初始无线链路的时候（也即终端从 RRC_IDLE 状态切换到 RRC_CONNECTED 状态），随机接入过程的另外一个作用是为终端分配一个唯一的 C-RNTI 标识。

根据需要可以采用基于竞争或者非竞争的随机接入方案。在下面几种情况下，会发起随机接入过程：①在 RRC_IDLE 状态时，发起的初始接入；②在 RRC_CONNECTED 状态时，发起的连接重建立处理；③小区切换过程中的随机接入；④在 RRC_CONNECTED 状态时，下行数据到达发起的随机接入，如上行失步；⑤在 RRC_CONNECTED 状态时，上行数据到达发起的随机接入，如上行失步或无 SR 使用的 PUCCH 资源（SR 达到最大传输次数）。

如图 4 - 65 所示，随机接入的基本过程包括以下四步：

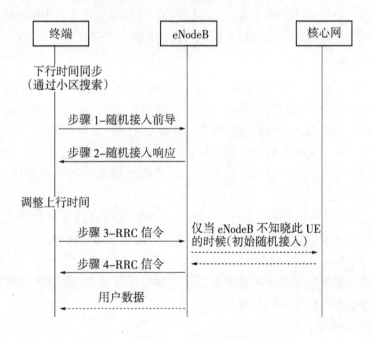

图 4 - 65　随机接入过程

（1）随机接入前导序列的发送。发送随机接入前导序列（Preamble），eNodeB 据此估计终端的传输时延以实现上行同步，因上行同步是十分必要的，否则终端将无法发送上行数据。

（2）随机接入响应。网络侧基于上述第一步中估计得到的传输时延，发送时间提前命令以调整终端的发送时间。除了建立上行同步，该步骤还为终端分配了随机接入过程中第三步中所需要的上行资源。

（3）终端识别。以类似于发送普通的上行数据的方式通过 UL-SCH 向网络侧发送移动终端标识信息，该信令中的具体内容取决于终端所处的状态，尤其是网络侧之前是否已经知晓该终端的存在。

（4）竞争解决。最后一步包括了网络侧在 DL-SCH 上发送给终端的竞争解决的信息，该步骤解决了由多个终端试图使用同一个随机接入系统而导致的竞争冲突。

二、移动性管理

移动性管理是蜂窝通信系统必备的机制，能够辅助 TD-LTE 系统实现负载均衡，以及提高用户体验和系统整体性能。

LTE 中用户移动性管理相关流程包括附着流程、去附着流程、TA 更新流程、分离流程、寻呼以及业务请求/释放流程。

移动性管理主要分为空闲状态下的移动性管理和连接状态下的移动性管理两大类。空闲状态下的移动性管理主要通过小区选择/重选来实现，由 UE 控制；连接状态下的移动性管理主要通过小区切换来实现，由 eNodeB 来控制。

1. 小区选择与重选

UE 处于空闲状态时会驻留在某个小区上。由于 UE 会在驻留小区内发起接入，因此，为了平衡不同频点之间的随机接入负荷，需要在 UE 进行小区驻留时尽量使其平均分布，这是空闲状态下进行移动性管理的主要目的之一。

LTE 引入了基于优先级的小区重选过程。

空闲状态下的 UE 需要完成的过程有：公共陆地移动网络（PLMN）选择、小区选择/重选、位置登记等。

一旦完成驻留，UE 就可以进行以下操作：读取系统信息（如驻留、接入和重选相关信息、位置区域信息等）、读取寻呼信息、发起连接建立过程。

1）小区选择

小区选择一般发生在 PLMN 选择之后，它的目的是使 UE 在开机后可以尽快选择一个信道质量满足条件的小区驻留。

（1）小区选择的类型。

①初始小区选择。适用于没有任何 E-UTRA 载频的先验信息时，UE 根据自己的能力搜索所有 E-UTRA 的无线频率，直到找到一个合适的小区，或者找到一个可接受

的小区。

②基于存储信息的小区选择。适用于存储有一些 E-UTRA 载频信息甚至小区参数时，UE 在相应载频上搜索小区，如果找到一个合适的小区则接入，否则回到初始小区选择过程。

（2）小区选择的 S 准则。

小区满足 S 准则，即小区搜索中的接收功率 Srxlev > 0 dB 且小区搜索中接收的信号质量 Squal > 0 dB。UE 在以下情况下发起小区选择过程：

①UE 开机。

②UE 从连接模式回到空闲模式。

③模式过程中失去小区信息（比如信号衰减到很差时）。

2）小区重选

（1）重选到新小区条件。

小区重选对于网络侧而言，只需要 E-UTRAN 配置 SIB 用于小区重选参数即可，如相关门限、定时器参数、测量偏置等。其他操作都在 UE 侧完成。

重选到新小区的条件主要满足：

①在时间 Treselection RAT 内，新小区信号强度高于服务小区；

②UE 在以前服务小区驻留时间超过 1 s。

（2）小区重选准则。

①小区重选优先级。

通过系统消息广播或在 RRC 连接释放时的专用消息中携带的频率和 RAT 优先级对小区重选适用。目前不支持 RAT 相同优先级情况，也即 RAT 之间必然是不同优先级，而不同频点间可以是相同优先级，也可以是不同优先级。目前的移动性管理算法对小区重选优先级定义为：优先级按频点来区分，相同载频的优先级相同，CSG 小区频点的优先级最高；小区的优先级也就是对应载波的频点优先级。

小区选择与重选具体原则为：尽量保证初始小区选择所选小区的质量，体现在小区选择所用的最小接收电平值的配置上。小区重选首先选择高优先级 E-UTRAN 小区，接下来的顺序依次是同频 E-UTRAN 小区、等优先级异频 E-UTRAN 小区、低优先级 E-UTRAN 小区、3G 小区、2G 小区，体现在小区优先级和重选参数配置上，一般说来 3G 和 2G 小区的优先级要低于 E-UTRAN 小区。

小区重选时 CSG 小区的优先级最高（包括各种 RAT CSG 小区），各种 RAT CSG 小区的优先级一般都相同基于移动速度的小区重选原则是：高速 UE 的小区重选时间 < 中速 UE 的小区重选时间 < 正常速度 UE 的小区重选时间，高速 UE 的小区重选迟滞 < 中速 UE 的小区重选迟滞 < 正常速度 UE 的小区重选迟滞。

②小区重选测量准则。

UE 只对在系统消息中给定的并且通过系统消息或专用消息提供了优先级信息的

载频和 RAT 进行小区重选的评估。小区重选的测量准则如下（SServingCell 是服务小区的 S 值 Srxlev）：

A 同频：

如果在服务小区广播信息中携带了 Sintrasearch 并且 SServingCell > Sintrasearch，Ue 不执行频内测量；

如果 SServingCell 小于或等于 Sintrasearch，或者在服务小区广播信息中没有携带 Sintrasearch，Ue 执行频内测量。

2. 小区切换

当正在使用网络服务的用户从一个小区移动到另外一个小区，由于无线传输业务负荷量调整、激活操作维护、设备故障等原因，为了保证通信的连续性和服务的质量，系统要将该用户与原小区的通信链路转移到新的小区上，这个过程就是切换。按照原小区和目标小区的从属关系和位置关系，可以将切换做如下分类：

（1）LTE 系统内切换：包括 eNodeB 内切换、通过 X2 的 eNodeB 间切换、通过 S1 的 eNodeB 间切换。

（2）LTE 与异系统之间的切换：由于 LTE 系统与其他系统的空口技术上的不同，从 LTE 小区切换到其他系统的小区，UE 不仅需要支持 LTE 的 OFDM 接入技术，还需要支持其他系统的空口接入技术，可能出现的情形包括但不限于以下几类：LTE 与 GSM 之间的切换、LTE 与 UTRAN 之间的切换等。

（3）按组网拓扑进行分类，可以分为：频内切换、频间切换、基站内切换、基站间切换、系统内切换、系统间切换。

（4）按触发原因进行分类，可以分为：基于覆盖的切换、基于负荷的切换、基于业务的切换、基于 UE 移动速度的切换。

1）LTE 切换

（1）测量（主要由 UE 完成）。测量控制；测量的执行与结果的处理；测量报告。

（2）判决（主要由网络侧完成）。以测量为基础；资源申请与分配；主要由网络端完成。

（3）执行（主要由 UE 与网络侧共同完成）。信令过程；支持失败回退；测量控制更新。

同系统内的测量事件采用 Ax 来标识，同系统内事件报告种类：

①A1：服务小区质量高于一个绝对门限（serving > threshold）。用于关闭正在进行的频间测量，在 RRC 控制下去掉激活测量间隙（gap）。

②A2：服务小区质量低于一个绝对门限（serving < threshold）。用于打开频间测量，在 RRC 控制下激活测量间隙（gap）。

③A3：邻小区比服务小区质量高于一个门限（Neighbour > Serving + Offset，Offset：±）。用于频内/频间的基于覆盖的切换。

④A4：邻区质量高于一个绝对门限。用于基于负荷的切换。可用于负载平衡，与移动到高优先级的小区重选相似。

⑤A5：服务小区质量低于一个绝对门限（Serving < threshold1）且邻区质量高于一个绝对门限（Neighbour > threshold2）。用于频内/频间的基于覆盖的切换，同时可用于负载平衡，与移动到低优先级的小区重选相似。

异系统测量事件采用 Bx 来标识：

B1：邻小区比绝对门限好。用于测量高优先级的 RAT 小区。

B2：服务小区质量低于一个绝对门限 1（Serving < threshold1）且邻区质量高于一个绝对门限 2（Neighbour > threshold2）。用于相同或低优先级的 RAT 小区的测量。

2）LTE 切换流程及信令

LTE 系统内连接状态下的移动性管理，包括 EPC 节点的重定位和 UE 切换过程。EPC 节点重定位包括 MME 重定位和 S-GW 重定位。

切换的发起总是由源侧决定，源侧 eNodeB 控制并评估 UE 和 eNodeB 的测量结果，并考虑 UE 的区域限制情况，判定是否发起切换。

在目标系统中预留切换后所需的资源，待切换命令执行后再为 UE 分配这些预留的资源。当 UE 同步到目标系统后，网络控制释放源系统中的资源。

切换简单信令流程如图 4 – 66 所示。

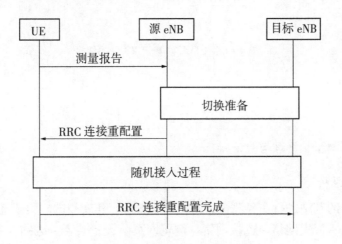

图 4 – 66　切换简单信令流程

以 MME 内基于 X2 口的切换为例，流程如图 4 – 67 所示。

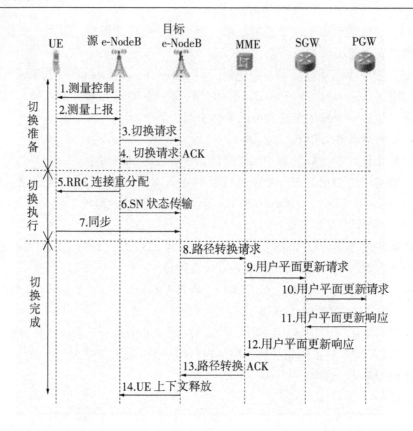

图4-67　MME内基于X2口的切换

【任务实施】

一、数据同步、管理与验证

1. 任务分析

根据开通的基站进行业务测试，并通过下载进行速度测试。测试流程如下：

手机开机→搜索网络→连接网络→浏览网页→设置共享→电脑（手机）上网→测试速度

2. 任务训练

（1）数据同步。

数据配置完毕，上传数据验证正确性。上传的配置数据要加入CCS2000队列。连上CCS2000后，锁头会合上，可以通过"ping 192.254.1.16"查看连接情况。

①选择"配置管理→数据同步"。如图4-68所示。

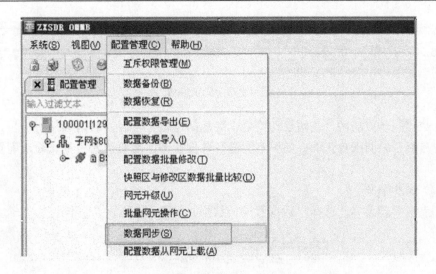

图 4 – 68　选择数据同步

②在弹出的"数据同步"对话框选择相应的网元，在同步方式中，选择"整表同步"（如果是修改数据，可以选择"增量同步"），在无线制式中，选择 TD-LTE，然后单击"执行"。同步参数设置如图 4 – 69 所示。

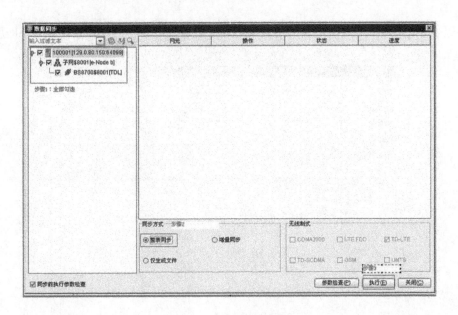

图 4 – 69　同步参数设置

③在弹出的对话框选择"确定"。输入验证码。

④进度显示到 100%，说明整表同步成功。如图 4 – 70 所示。

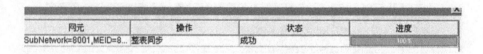

网元	操作	状态	进度
SubNetwork=8001,MEID=8...	整表同步	成功	100 %

图 4 - 70　同步成功

⑤数据同步成功后，基站自动重启，待基站运行正常后，数据终端有信号，可做数据业务时，说明配置正确；如果不能进行数据业务，需要重新检查、修改配置数据参数。

（2）数据备份。

①点击管理菜单，选择"数据管理→数据备份"，如图 4 - 71 所示。

图 4 - 71　选择数据备份

②弹出数据备份对话框，如图 4 - 72 所示。选择需要备份的网元并设置保存信息。

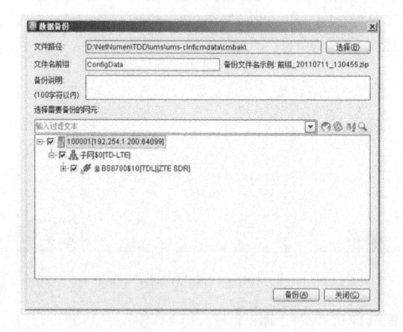

图 4 - 72　数据备份对话框

③单击"确定"。

④成功备份网元配置数据，如图 4-73 所示。

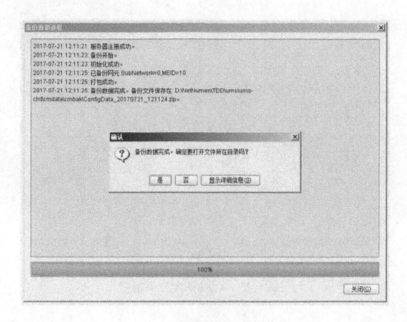

图 4-73　数据备份成功

（3）恢复数据。

①点击"管理菜单"，选择"数据管理→数据恢复"，进入数据恢复界面，如图 4-74 所示。

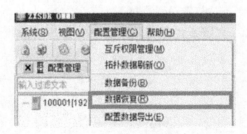

图 4-74　选择数据恢复

②弹出"数据恢复"对话框，如图 4-75 所示。选择本地或服务器端保存的备份数据，再选择需要恢复的配置集。

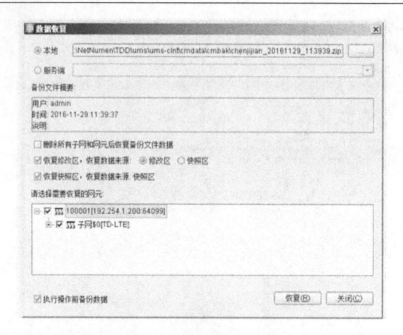

图 4 – 75   "数据恢复"对话框

③单击"恢复"。

④成功恢复网元数据，如图 4 – 76 所示。

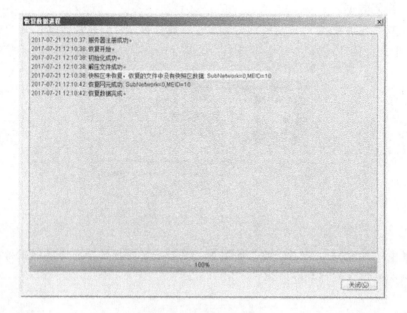

图 4 – 76   数据恢复成功

（4）TD-LTE 状态查询。

数据同步后我们还需要知道基站和小区的状态是否可用，这就需要通过"视图→动态管理"进入动态管理界面。选择所需要查询的网元。

①网元状态查询。

点击"动态管理"中"查询网元状态"，查询所选网元的状态运行改变。

②设备状态查询。

点击"动态管理"中"查询单板信息"，查询所选单板的运行状态，对单板复位、单板闭塞、单板解闭塞进行相应的操作。

③SCTP 状态查询。

点击"动态管理"中"查询 SCTP"，查询 SCTP 链路是否正常，以此判断 S1 链路的状态，可以进行复位 SCTP、闭塞 SCTP、解闭塞 SCTP 操作。

④小区状态查询。

点击"动态管理"中"查询小区状态"，查询所选小区的运行状态是否正常。

（5）网络设置。

手机开机搜索网络，设置手机连接 LTE 网络，实现上网验证，也可以设置热点，采用电脑上网。

3．任务记录

（1）把 TD-LTE 状态查询情况记录下来。

调查对象	运行状态
网元	
设备	
SCTP	
小区	

（2）通过手机及电脑连接网络，查看相关信息，记录下表。

数据记录

手机信号强度		手机数据速度	
FTP 下载速度		FTP 上传速度	

4．任务评价

评价项目	评价内容	分值	得分
实训态度	1．积极参加技能实训操作	10	
	2．按照安全操作流程进行操作	10	
	3．遵守纪律	10	

续上表

评价项目	评价内容	分值	得分
实训过程	1. 能描述 LTE 信道功能	5	
	2. 能说出信道的映射关系	5	
	3. 清楚小区搜索和同步过程	5	
	4. 能说出手机随机接入过程	5	
	5. 能描述小区选择/重选过程	5	
	6. 能描述小区切换情况	5	
	7. 能正确进行行业务测试	5	
实训报告	报告分析、实训记录	35	
合计		100	

5. 思考练习

（1）LTE/EPC 网络的去附着流程可由什么实体发起？（　　　）

A. UE   B. MME   C. HSS   D. 以上都对

（2）EPC 发起的寻呼消息以下列哪个为单位下发给 UE？（　　　）

A. TA   B. TA List   C. LA   D. RA

（3）什么情况下手机用户可能被分配一个新的 GUTI？（　　　）

A. 附着   B. 跨 MME TA update

C. MME 内的 TA update   D. 以上都对

（4）以下哪些流程是移动性管理流程？（　　　）

A. TA 更新   B. 分离   C. 附着   D. 业务请求

（5）E-UTRA 小区搜索基于（　　　）完成。

A. 主同步信号   B. 辅同步信号

C. 下行参考信号   D. PBCH 信号

（6）和小区搜索有关的信道和信号有（　　　）。

A. PBCH   B. PSS   C. SSS   D. RS

（7）随机接入的目的是（　　　）。

A. 初始接入   B. 建立上行同步   C. 小区搜索   D. 寻呼

（8）UE 在空闲模式下的任务有哪些？（　　　）

A. 读系统消息   B. PLMN 以及小区的选择和重选

C. 监听寻呼   D. 位置更新

学习任务 5　eNodeB 故障处理

【学习目标】

1. 能正确进行 TD-LTE eBBU 相关故障处理
2. 能正确进行 TD-LTE eRRU 相关故障处理
3. 能正确进行 TD-LTE 操作维护相关故障处理
4. 能正确进行 TD-LTE 业务类相关故障处理
5. 阅读能力、表达能力以及职业素养有一定的提高

【知识准备】

一、TD-LTE eBBU 相关故障处理

1. 硬件单板常见故障

（1）CC 单板运行异常（表 4 - 15）。

表 4 - 15　CC 单板运行故障及排查思路

故障现象	CC 单板运行异常
排查思路	检查 PM 单板运行是否异常，是否正常供电 查看 CC 单板是否正常上电，观察 RUN 灯是否 1 HZ 闪烁 供电正常情况下，由测试 PC 机对 CC 单板进行 PING 包业务测试 PC 机无法 PING 通 CC 单板，考虑为 CC 板硬件或版本故障 重启及更换 CC 板后，进行整表数据配置，再进行观察

（2）BPL 单板无法正常上电（表 4 - 16）。

表 4 - 16　BPL 单板无法正常上电故障及排查思路

故障现象	BPL 单板无法正常上电
排查思路	检查单板状态，查看 PM 单板运行是否正常 检查单板配置情况，是否在配置界面对应槽位上配置 BPL 单板 重新插拔 BPL 单板，进行上电操作 更换 BPL 单板

2. 传输类常见故障

（1）偶联建立失败（表 4 - 17）。

表 4 - 17　偶联建立失败及排查思路

故障现象	在告警管理中出现 SCTP 偶联的严重告警
原因分析	物理链路故障。由于接入方法和底层链路不稳定，导致不能正常收发数据包 传输参数配置不正确。配置的 IP 参数、静态路由、SCTP 参数和对端不对应，导致偶联不能正常建立 ARP 表中 MAC 地址不正确
排查思路	首先在保证物理链路连接正确的情况下，需要检查传输参数的配置，其中包括 FE 参数、全局端口参数、IP 参数和 SCTP 参数 FE 参数和全局端口参数在不使用 VLAN 的情况下，按照默认配置即可。IP 参数为 eNodeB 网口的 IP 地址，配置的 SCTP 参数本端端口、对端端口以及对端 IP 要和对端的配置保持对应。不同网段的配置，静态路由参数配置也要正确

（2）S1 建立故障（表 4 - 18）。

表 4 - 18　S1 建立故障及排查故障

故障现象	LMT 上邻接网元 MME 处显示 Disable
原因分析	SCTP 偶联断开 小区不存在 S1SetupRequest 请求中相关参数错误
排查思路	确定 SCTP 偶联是否正常建立，确保传输层通信正常及相关参数对接正确 检查 RRU 是否启动正常，小区是否正常建立 检查小区 TA 是否配置正确

二、TD-LTE eRRU 相关故障处理

eRRU 链路异常故障如表 4 - 19 所示。

表 4 - 19　eRRU 链路异常故障及排查思路

故障现象	eRRU 启动后，在 eBBU 上显示 eRRU 链路一直处于异常状态。eRRU 则反复重启
排查思路	检查光模块是否安装正确 检查光纤是否损坏，可能的话，在 eBBU 侧和 eRRU 侧分别进行环回测量，或者在 eBBU 侧和 eRRU 侧交叉光纤测试以定位故障是出在 eBBU 侧还是 eRRU 侧 检查 eRRU 的光口是否连接正确，eRRU 的第三个光口不可用于建链 输入 SVI，确认 eRRU 版本是否正确 在 EOMS 上确认，eRRU 所连接的 eBBU 光口是否已经配置了 eRRU 在 EOMS 上确认，eRRU 的实际型号与配置的型号是否符合 eBBU 和 eRRU 均掉电复位后，继续观察

三、TD-LTE 操作维护相关故障处理

1. eNodeB 与 OMC 断链（表 4-20）

表 4-20 eNodeB 与 OMC 断链故障及排查思路

故障现象	网管界面上，前后台无法正常建链
排查思路	检查物理线缆连接及硬件单板是否存在异常 检查全局端口中对应操作维护的 VLANID 是否配置正确 检查 IP 参数中配置的操作维护 IP 地址是否配置正确，并与全局端口中的操作维护 VLAN 对应正确 检查 OMC 参数中的"基站内部 IPID"与"OMC 的 IP 地址"是否配置正确 检查在 OMC 配置管理中观察创建 eNodeB 时 IP 地址是否与 eNodeB 的操作维护 IP 一致

2. LMT 无法登录

表 4-21 LMT 无法登录故障及排查思路

故障现象	LMT 无法登录成功
排查思路	确认网线是否存在故障 确认 ETH1 口工作正常 确认测试 PC 的 IP 地址配置正确，与基站在同一网段 确认 LMT 版本与基站版本一致 确认测试 PC 未开启其他 FTP 服务器程序 重启基站

四、TD-LTE 业务类相关故障处理

小区建立故障如表 4-22 所示。

表 4-22 小区建立故障及排查思路

故障现象	小区建立失败
原因分析	物理层故障，主要指单板状态异常，eRRU 状态异常或光口链路不通导致故障 子系统异常，主要指小区建立时各个子系统反馈给 RNLC 的响应消息不是成功响应。可能是各子系统异常 参数配置异常，主要指小区参数配置异常。小区建立涉及参数较广，需要根据告警信息和子系统反馈响应结合排查

排查思路	检查物理连接是否正常，单板的指示灯是否都正常，确保物理层连接正常 检查单板状态是否正常，可通过查看后台上单板状态检测图，也可以查看告警信息是否存在单板状态异常告警 检查光口链路，通过后台告警信息，查看是否存在光口链路告警信息

【任务实施】

一、数据故障排除

1. 任务分析

故障处理是穿插在基站调试各个环节中的一项技能，每一个操作都有可能引起问题，导致操作无法进行下去或者业务不通。因此掌握故障处理的思路和常见故障的处理方法很重要。通过在调试过程中对出现的问题进行分析，排除故障。

2. 任务训练

通过备份数据把正确的数据备份出来，把已经存在故障的数据恢复到网管中，根据故障现象来分析判断故障，结合前面的"知识准备"内容，进行修改，排除故障，实现通信。

3. 任务记录

（1）把在业务调试时出现的故障现象记录下来，并写出排查思路。

故障现象 1		故障现象 2	
排查思路		排查思路	
故障现象 3		故障现象 4	
排查思路		排查思路	

4. 任务评价

评价项目	评价内容	分值	得分
实训态度	1. 积极参加技能实训操作	10	
	2. 按照安全操作流程进行操作	10	
	3. 遵守纪律	10	
实训过程	1. TD-LTE eBBU 相关故障处理	10	
	2. TD-LTE eRRU 相关故障处理	10	
	3. TD-LTE 操作维护相关故障处理	10	
	4. TD-LTE 业务类相关故障处理	10	
实训报告	报告分析、实训记录	30	
合计		100	

5. 思考练习

（1）如果出现 eNB 的告警"小区退服，射频单元退服"（1018000），不可能是以下哪种原因造成的（　　）。

A. eRRU 掉电　　　　　　　　　B. eRRU 损坏

C. Ir 接口光纤损坏　　　　　　　D. 基带板挂死

（2）如果出现 eNB 的告警"小区退服，时钟故障"（1018003），不可能是以下哪种原因造成的（　　）。

A. 主控板挂死　　　　　　　　　B. 基带板挂死

C. GPS 信号弱　　　　　　　　　D. GPS 馈线进水

（3）如果出现 eNB 的告警"小区退服，天线故障"（1018006），不可能是以下哪种原因造成的（　　）。

A. eRRU 掉电　　　　　　　　　B. eRRU 与天线之间的馈线进水

C. eRRU 与天线之间的馈线被割断　　D. 天线损坏

（4）如果出现 eNB 的告警"小区退服，光口不可用"（1018007），不可能是以下哪种原因造成的（　　）。

A. 基带板上 Ir 接口光模块损坏　　　B. 基带板上 Ir 接口光模块被拔出

C. 基带板上 Ir 接口光模块型号不匹配　D. 基带板上 Ir 接口光纤收发接反

项目五　FDD-LTE 原理分析与数据配置

【项目场景】

在学习了 LTE 的基础知识后，进行了硬件的安装、维护，对 eNodeB 数据进行了配置，进行了通话，但他们对 LTE 的关键技术以及 FDD-LTE 的数据配置也有很大的兴趣，于是他们又查阅了很多资料，开始了对关键技术的学习和 FDD-LTE 的配置。

【项目安排】

任务名称	学习任务 1　认识 LTE 关键技术	建议课时	12
教学方法	讲解、讨论、自主探索	教学地点	实训室
任务内容	1. 认识 OFDM 技术 2. 认识 MIMO 技术 3. 认识链路自适应技术 4. 认识 HARQ 技术 5. 认识信道相关调度技术 6. 认识小区间干扰抑制与协调 7. 认识高阶调制技术		
任务名称	学习任务 2　FDD-LTE 综合配置	建议课时	12
教学方法	讲解、讨论、自主探索	教学地点	实训室
任务内容	1. 硬件平台的搭建 2. LMT 配置 3. OMC 虚拟后台配置 4. 软件加载、整表同步 5. 脚本验证		

学习任务 1　认识 LTE 关键技术

【学习目标】

1. 能说出 LTE 的关键技术
2. 能说出 OFDM 的概念；区分 LTE 上行、下行的多址方式
3. 能描述 MIMO 的基本原理以及传输模式
4. 能叙述链路自适应技术、HARQ、信道调度等技术的基本原理
5. 阅读能力、表达能力以及职业素养有一定的提高

【知识准备】

一、认识 OFDM 技术

1. OFDM 基本概念

在传统的并行数据传输系统中，整个信号频段被划分为 N 个相互不重叠的频率子信道。每个子信道传输独立的调制符号，然后再将 N 个子信道进行频率复用。这种避免信道频谱重叠看起来有利于消除信道间的干扰，但是这样不能有效利用频谱资源。正交频分复用是一种多载波传输方式。OFDM 将频域划分为多个子信道，各相邻子信道相互重叠，但不同子信道相互正交。将高速的串行数据流分解成若干并行的子数据流同时传输。从而保证接收端能够不失真地复原信号。常规频分复用与 OFDM 的信道分配情况如图 5-1 所示。

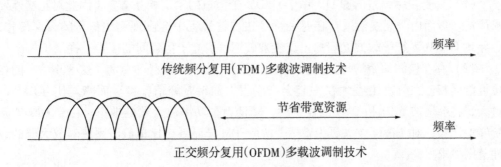

图 5-1　OFDM 的信道分配情况

📖说明：

如果两个波开在一段时间内积分为零，则在这段时间内正交。A * B = 0，则 A 与

B 相互正交；A * B = 1，则 A 与 B 相关；A * A = 1 B * B = 1 则自相关。

OFDM 技术中各个子载波之间相互正交且相互重叠，可以最大限度地利用频谱资源。OFDM 是一种多载波并行调制方式，将符号周期扩大为原来的 N 倍，从而提高了抗多径衰落的能力。

（1）把一串高速数据流分解为若干个低速的子数据流——每个子数据流将具有低得多的速率。

（2）将子数据流放置在对应的子载波上。

（3）将多个子载波合成，一起进行传输。

OFDM 可以通过 IFFT（快速傅立叶反变换）和 FFT（快速傅立叶变换）分别实现 OFDM 的调制和解调。

2. OFDM 的优缺点

OFDM 系统有以下主要优点：

（1）抗多径衰落，将信道分成若干正交子信道，将高速数据信号转换成并行的低速子数据流，调制到每个子信道上传输，可以减少子信道的干扰。

（2）每个子信道上的信号带宽小于信道的相干带宽，因此每个子信道上的信号可以看成平坦性衰落，从而可以消除符号间干扰。

（3）频谱利用率高，由于子载波之间正交，允许子载波之间具有 1/2 的重叠，具有很高的频谱利用率。

（4）计算简单，选用基于 IFFT/FFT 的 OFDM 实现方法，计算方法简单高效。

（5）频谱资源灵活分配，通过选择子信道数目的不同，实现上下行不同的传输速率要求；通过动态分配充分利用信噪比高的子信道，提高系统吞吐量。

OFDM 系统内由于存在多个正交子载波，而其输出信号是多个子载波的叠加，因此与单载波系统相比，存在以下主要缺点。

（1）易受频率偏差的影响。由于 OFDM 子信道的频谱相互重叠，因此对正交性要求严格。然而由于无线信道存在时变性，在传输过程中会出现无线信号的频率偏移，会导致 OFDM 系统子载波之间的正交性被破坏，引起子信道间的信号干扰。

（2）存在较高的峰均比。因为 OFDM 信号是多个小信号的总和，这些小信号的相位可能同相，在幅度上叠加在一起会产生很大的瞬时峰值幅度。而峰均比（PAPR）过大，将会增加 A/D 和 D/A 的复杂性，降低射频功率放大器的效率。由于 OFDM 系统峰均比大，对非线性放大更为敏感，故 OFDM 调制系统比单载波系统对放大器的线性范围要求更高。

3. OFDM 的关键技术

（1）保护间隔与循环前缀。

采用 OFDM 的一个主要原因是它可以有效地对抗多径时延扩展。通过把输入的数据流变换到 N 个并行的子信道中，使得每个用于调制子载波的数据符号周期可以扩大为原始数据符号周期的 N 倍。因此，时延扩展与符号周期的比值也同样降低 N 倍。为了最大限度地消除符号间干扰，还可以在每个 OFDM 符号之间插入保护间隔（Guard Interval，GI），而且该保护间隔长度 T_g 一般要大于无线信道的最大时延扩展，这样一个符号的多径分量就不会对下一个符号造成干扰。符号干扰如图 5-2 所示。在这段保护间隔内，可以不插入任何信号，即是一段空闲的传输时段。

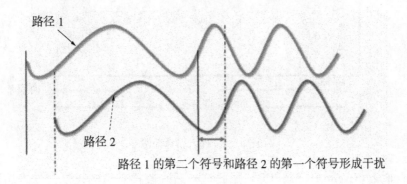

图 5-2 符号干扰

加入保护间隔避免符号间干扰，当保护间隔的长度超过信道最大延迟，一个符号的多径分量不会干扰下一个符号。

然而在这种情况下，由于多径传播的影响，会产生载波间干扰（Inter Carriers Interference，ICI），即子载波之间的正交性遭到破坏，不同的子载波之间产生干扰，引入保护间隔后，积分区间内不再具有整数个子载波，子载波间的正交性被破坏，两个子载波之间会产生载波间的干扰。如图 5-3 所示。

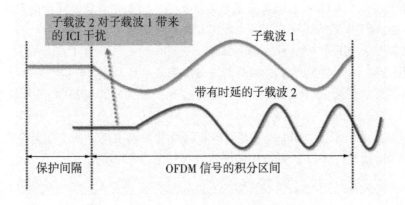

图 5-3 载波干扰

为了消除由于多径造成的 ICI，OFDM 符号需要在其保护间隔内填入循环前缀信号，如图 5-4 所示。这样就可以保证在 FFT 周期内，OFDM 符号的延时副本内包含波形的周期数也是整数。这样，时延小于保护间隔 T_g 的时延信号就不会在解调过程中产生 ICI。

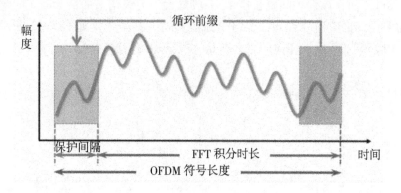

图 5-4　插入循环前缀

循环前缀（Cyclic Prefix，CP）是此符号后一段样点值的重复，加入循环前缀的目的是不破坏子载波间的正交性；只要每个路径的时延小于保护间隔，FFT 的积分时间长度就可以包含整数个多径子载波波形。加入循环前缀，要牺牲一部分时间资源，降低了各个子载波的符号速率和信道容量，但可以消除符号间干扰（Inter Symbol Interference，ISI）和多径造成的 ICI 的影响，可以有效地抗击多径效应。

（2）同步技术。

同步在系统中占据非常重要的地位，例如，当采用同步解调或相关解调时，接收机需要提取一个与发射载波同频同相的载波，同时还要确定符号的起始位置等。

OFDM 符号由多个子载波信号叠加构成，各个子载波之间利用正交性来区分，确保这种正交性对于 OFDM 系统来说是至关重要的，因此它对载波同步的要求也就相对较严格。在 OFDM 系统中存在以下几个方面的同步要求：

载波同步：实现接收信号的相干解调。

样值同步：使接收端的取样时刻与发送端完全一致。

符号同步：区分每个 OFDM 符号块的边界，因为每个 OFDM 符号块包含 N 个样值。

与单载波系统相比，OFDM 系统对同步精度的要求更高，同步偏差会在 OFDM 系统中引起 ISI 及 ICI。OFDM 系统中的同步要求如图 5-5 所示。

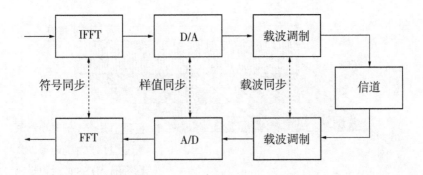

图 5 – 5　OFDM 系统中的同步

（3）信道估计技术。

加入循环前缀后的 OFDM 系统可等效为 N 个独立的并行子信道。如果不考虑信道噪声，N 个子信道上的接收信号等于各自子信道上的发送信号与信道的频谱特性的乘积。如果通过估计方法预先获知信道的频谱特性，将各子信道上的接收信号与信道的频谱特性相除，即可实现接收信号的正确解调。

常见的信道估计方法有基于导频信道和基于导频符号（参考信号）两种，多载波系统具有时频二维结构，因此采用导频符号的辅助信道估计更灵活。

（4）降峰均比技术。

在时域上，OFDM 信号是 N 路正交子载波信号的叠加，当这 N 路信号按相同极性同时取最大值时，OFDM 信号将产生最大的峰值。该峰值信号的功率与信号的平均功率之比，称为峰值平均功率比，简称峰均比（PAPR）。

在 OFDM 系统中，PAPR 与 N 有关，N 越大，PAPR 的值越大，$N = 1024$ 时，PAPR 可达 30 dB。大的 PAPR 值对发送端的功率放大器的线性度要求很高，并降低功放效率。如何降低 OFDM 信号的 PAPR 值对 OFDM 系统的性能和成本都有很大影响。

OFDM 系统中采用信号预畸变技术降峰均比。

实现原理：在信号被送到放大器之前，首先经过非线性处理，对有较大峰值功率的信号进行预畸变，使其不会超出放大器的动态变化范围，从而避免较大峰均比的出现。

4. OFDM 的应用

1）下行多址方式（OFDMA）

OFDMA（正交频分多址接入）是传统的基于 CP 的 OFDM 技术。OFDMA 多址接入方式将传输带宽划分成相互正交的子载波集，通过将不同的子载波集分配给不同的用户，可用资源被灵活地在不同移动终端之间共享。因为子载波相互正交，所以小区内用户之间没有干扰。这可以看作是种 OFDMA + FDMA + TDMA 技术相结合的多址接入方式。如图 5 – 6 所示。

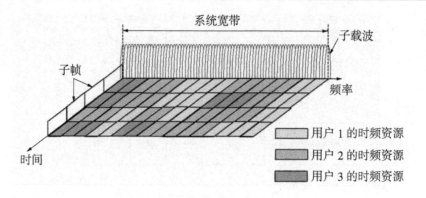

图 5-6 多址接入方式

在一个调度周期中，资源分配方式有集中式资源分配和分布式资源分配。集中式是将连续 RB 分给一个用户，分布式是分配给用户的 RB 不连续。

2）上行多址方式（SC-FDMA）

（1）上行多址接入技术方案需求分析。

①上行多址技术的要求和下行不同，OFDM 等多载波系统的输出是多个子信道号的叠加，因此，如果多个信号的相位一致，所得到的叠加信号的瞬时功率就会远远高于信号的平均功率，存在较高的峰均比 PAPR。

②对发射机的线性度提出了很高的要求，会增加数模转换的复杂度，降低 RF 功放的效率，使发射机功放的成本和耗电量增加。

③终端的能力有限，尤其是发射功率受限，所以在上行链路，基于 OFDM 的多址接入技术并不适用在 UE 侧使用。

SC-FDMA 和 OFDMA 相同，将传输带宽划分成一系列正交的子载波资源，将不同的子载波资源分配给不同的用户实现多址。不同的是：任一终端使用的子载波必须连续，在任一调度周期中，一个用户分得的子载波必须是连续的。如图 5-7 所示。

考虑到多载波带来的高峰均比 PAPR 会影响终端的射频成本和电池寿命，LTE 上行采用 Single Carrier-FDMA（SC-FDMA）以改善峰均比。

SC-FDMA 的特点是，在采用 IFFT 将子载波转换为时域信号之前，先对信号进行了 FFT 转换，从而引入部分单载波特性，降低了峰均比。

（2）OFDMA 与 SC-FDMA 的比较。

OFDMA 与 SC-FDMA 的比较如图 5-8 所示。

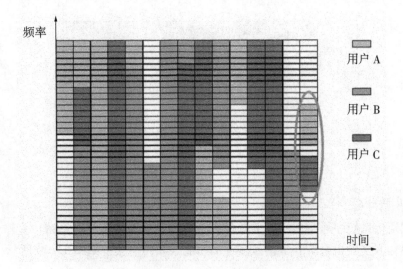

图 5 - 7　SC-FDMA 子载波

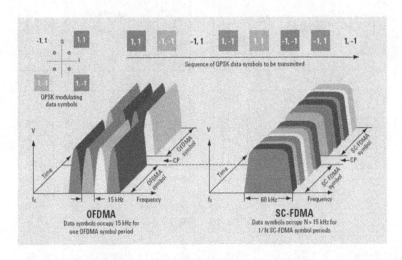

图 5 - 8　OFDMA 和 SC-FDMA 的比较

二、认识 MIMO 技术

MIMO 系统，其基本思想是在收发两端采用多根天线，分别同时发射与接收无线信号。如图 5 -9 所示。

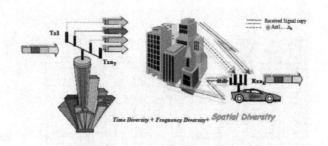

图 5 – 9　MINO 系统模型

1. 几种传输模型

无线通信系统中通常采用以下几种传输模型：单输入单输出系统、多输入单输出系统、单输入多输出系统和多输入多输出系统。其传输模型如图 5 – 10 所示。

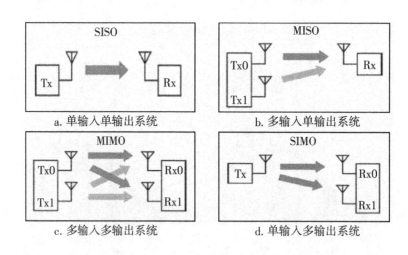

图 5 – 10　传输模型

后 3 种通常称为多天线技术。TD-LTE 系统的发射机天线数量配置为 1、2、4，接收机天线数量配置为 1、2、4，典型配置为下行链路 2×2，上行链路 1×2。同时，TD-LTE 系统支持采用 8 天线的智能天线技术。MIMO 在 LTE 中的应用模式主要有两种，一种用于提高链路质量，即 MIMO 空间分集；另一种用于提高数据传输速率，即 MIMO 空分复用。

2. LTE 中的 MIMO 模型

SU-MIMO（单用户 MIMO）：指在同一时频单元上一个用户独占所有空间资源，这时的预编码要考虑单个收发链路的性能。如图 5 – 11 所示。

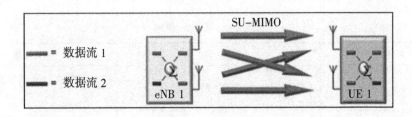

图 5 – 11　单用户 MIMO

MU-MIMO（多用户 MIMO）：指在同一时频单元上多个用户共享所有的空间资源，相当于一种空分多址技术，这时的预编码还要和多用户调度结合起来，评估系统的性能。如图 5 – 12 所示。

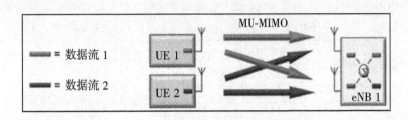

图 5 – 12　多用户 MIMO

3．MIMO 系统容量

MIMO 系统中，系统容量随着天线数目的增加呈线性增加。不增加带宽和天线发送功率的情况下，频谱利用率可以成倍提高。

为什么选择 MIMO 技术？

①MIMO 为无线资源增加了空间维的自由度；

②MIMO 通过空时处理技术，充分利用空间资源，在无须增加频谱资源和发射功率的情况下，成倍地提升通信系统的容量与可靠性，提高频谱利用率；

③MIMO 能够获得比单入单出（SISO），单入多出（SIMO）和多入单出（MISO）更高的信道容量。

4．MIMO 在 LTE 中的应用

LTE 中主要有 8 种 MIMO 传输模式，8 种模式描述如表 5 – 1 所示。

传输模式是针对单个终端的，同小区不同终端可以采用不同的传输模式，eNodeB 决定某一时刻某一终端所采用的传输模式，并通过 RRC 消息通知终端。

模式 3 到模式 8 中均含有开环发射分集。当信道条件恶化时，可自适应地切换到模式内的开环发射分集；也可以选择模式间的切换，但需要 RRC 重配置，时间较长。

表 5 - 1　MIMO 模式

下行 MIMO 模式		技术描述	应用场景
TM1	单天线传输	信息通过单天线进行发送	无法布放双通道室内系统的室内站
TM2	发射分集	同一信息分别通过多个衰落特性相互独立的信道进行发送	信号条件不好时，如小区边缘，增强小区覆盖
TM3	开环空间复用	终端不反馈信道信息，发射端根据预定义的信道信息来确定发射信号	信道质量高且空间独立性强时，提高用户吞吐率
TM4	闭环空间复用	需要终端反馈信道信息，发射端通过该信息进行信号预处理以产生空间独立性	信道质量高且空间独立性强时，终端静止时性能好，提高用户吞吐率
TM5	多用户 MIMO	基站使用相同时频资源将多个数据流发送给不同的用户	信道相关性高，提高小区吞吐量
TM6	单层闭环空间复用	终端反馈 RI 为 1 时，发射端采用单层预编码，使其适应当前信道	可采用闭环反馈时，增强小区覆盖
TM7	单流波束赋形	发射端利用上行信号估计下行信道的特征，在下行信号发送时，每个天线上乘以相应的特征权值，使其天线发射信号具有波束赋形的效果	主要用于 TD-LTE 系统，信道质量不好时，如小区边缘，增强小区覆盖
TM8	双流波束赋形	结合复用和智能天线技术，进行多路波束赋形发送，以提升用户的信号强度，从而提高用户的峰值和均值速率	主要用于 TD-LTE 系统，提高吞吐率

　　LTE FDD 系统一般使用 TM3（模式内自适应到发射分集），在室内移动性较低的场景也可以使用 TM4。一般情况下，单天线系统常用模式 TM1，2 天线系统常用模式 TM2 和 TM3，而 8 天线系统常用模式 TM7 和 TM8。

三、认识链路自适应技术

　　链路自适应技术可以通过两种方法实现：功率控制和速率控制（即 AMC）。

　　一般意义上的链路自适应都指速率控制，LTE 中即为自适应编码调制技术（Adaptive Modulation and Coding），应用 AMC 技术可以使得 eNodeB 能够根据 UE 反馈的信道状况及时地调整不同的调制方式（QPSK、16QAM、64QAM）和编码速率。从而使得数据传输能及时地跟上信道的变化状况。这是一种较好的链路自适应技术。对于长时延的分组数据，AMC 可以在提高系统容量的同时不增加对邻区的干扰。

1. 功率控制

通过动态调整发射功率，维持接收端一定的信噪比，从而保证链路的传输质量，当信道条件较差时，需要增加发射功率，当信道条件较好时，需要降低发射功率，从而保证了恒定的传输速率。如图 5 - 13 所示。

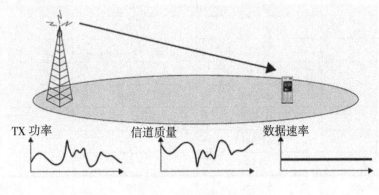

图 5 - 13　功率控制

2. 速率控制

在保证发射功率恒定的情况下，通过调整无线链路传输的调制方式与编码速率，确保链路的传输质量，当信道条件较差时选择较小的调制方式与编码速率，当信道条件较好时选择较大的调制方式，从而使传输速率最大化。如图 5 - 14 所示。

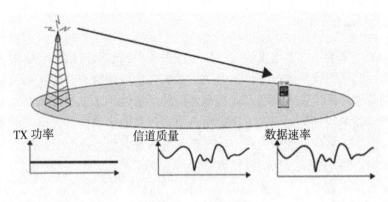

图 5 - 14　速率控制

3. LTE 上下行方向链路自适应

LTE 上行方向的链路自适应技术基于基站测量的上行信道质量，直接确定具体的调制与编码方式。

LTE 下行方向的链路自适应技术基于 UE 反馈的 CQI，从预定义的 CQI 表格中使用具体的调制与编码方式。如表 5 - 2 所示。

表 5 - 2　调制与编码方式

CQI 序号	编码方式	编码速率 × 1024	效率
0	范围之外		
1	QPSK	78	0. 1523
2	QPSK	120	0. 2344
3	QPSK	193	0. 3770
4	QPSK	308	0. 6016
5	QPSK	449	0. 8770
6	QPSK	602	1. 1758
7	16QAM	378	1. 4766
8	16QAM	490	1. 9141
9	16QAM	616	2. 4063
10	64QAM	466	2. 7305
11	64QAM	567	3. 3223
12	64QAM	666	3. 9023
13	64QAM	772	4. 5234
14	64QAM	873	5. 1152

四、认识 HARQ 技术

在移动通信系统中，由于无线信道时变特性和多径衰落对信号传输带来的影响以及一些不可预测的干扰导致信号传输失败，需要在接收端检测并纠正错误，即差错控制技术。随着通信系统飞速发展，对数据传输的可靠性要求也越来越高。差错控制技术，即对所传输的信息附加一些保护数据，使信号的内部结构具有更强的规律性和相互关联性，这样，当信号受到信道干扰导致某些信息发生差错时，仍然可以根据这些规律发现错误、纠正错误，从而恢复原有的信息。

在数字通信系统中，差错控制机制基本分为两种：前向纠错编码（Forward Error Correction，FEC）和自动重传请求（Automatic Repeat reQuest，ARQ）。

FEC 系统只有一个信道，能自动纠错，不需要重发，因此时延性、实时性好。但不同码率码长和类型的纠错能力不同，为获得比较低的误码率，所用的纠错冗余度较大，这就降低了编码效率，且实现的复杂度较大。FEC 技术只适用于没有反向信道的系统中。

ARQ 技术是指接收端通过 CRC 检验信息来判断接收到的数据包正确性，如果接收数据不正确，则将否定应答（NACK）信息反馈给发送端，发送端重新发送数据块；直到接收端接收正确数据反馈确认信号（ACK），停止重发数据。具有复杂性较低、可靠性较高、适应性较高的优点，但连续性和实时性较低、传输效率较低。

HARQ（Hybrid ARQ）混合自动重传技术是将自动重传请求和前向纠错编码结合，保持了较高纠错性能的同时，使时延、和信道适应性都有较好的保证。发送端将源数据进行 FEC 编码后发送，接收端对接收数据进行 FEC 解码，根据解码正确与否向发送端反馈 ACK/NACK。发送端对收到的 ACK 反馈，继续下一个数据传输，否则启动 ARQ 重传上一次发送的 FEC 数据帧，接收端对于重传数据和之前接收的数据合并解码，直到还原出源数据。HARQ 实际上整合了 ARQ 的高可靠性和 FEC 的高效率。

1. HARQ 特性

（1）遵循 N 进程停等方式（N-Process Stop-and-Wait）。

（2）HARQ 对传输块进行传输与重传。

（3）下行链路。异步自适应 HARQ；下行传输（或重传）对应的上行 ACK/NACK 通过 PUCCH 或者 PUSCH 发送；PDCCH 指示 HARQ 进程数目并确认是传还是重传；重传则通过 PDCCH 调度。

（4）上行链路。同步 HARQ；针对每个 UE 配置重传最大次数；上行传输或重传对应的下行 ACK/NACK 通过 PHICH 发送。

2. 自适应 HARQ 与非自适应 HARQ

自适应 HARQ：指重传时可以改变初传的一部分或者全部属性，比如调制方式、资源分配等，这些属性的改变需要信令额外通知。

非自适应 HARQ：指重传时改变的属性是发射机与接收机事先协商好的，不需要额外的信令通知。

LTE 下行采用自适应的 HARQ。LTE 上行同时支持自适应 HARQ 和非自适应 HARQ。非自适应 HARQ 仅仅由 PHICH 信道中承载的 NACK 应答信息来触发。自适应 HARQ 通过 PDCCH 调度来实现，即基站发现接收输出错误之后，不反馈 NACK，而是通过调度器调度其重传所使用的参数。

3. HARQ 与软合并

单纯 HARQ 机制中，接收到的错误数据包都是直接被丢掉的。HARQ 与软合并结合：将接收到的错误数据包保存在存储器中，与重传的数据包合并在一起进行译码，提高传输效率。递增冗余（Incremental Redundancy）即重传时的数据与发射的数据有所不同，后一次降低编码率，增加冗余，再次合并解析。LTE 支持使用 IR 合并的 HARQ，其中 CC 合并可以看作 IR 合并的一个特例。后一种方式的性能要优于第一种，但在接收端需要更大的内存。因而在最大数据速率时，只可能使用软合并方式。而在使用较低的数据速率传输数据时，两种方式都可以使用。如图 5 – 15、图 5 – 16 所示。

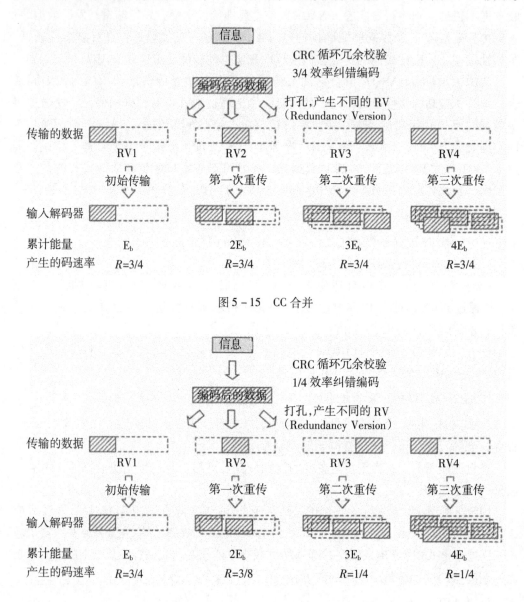

图 5 – 15　CC 合并

图 5 – 16　IR 合并

五、认识信道调度

调度负责在每个时刻控制用户间的共享资源分配，它与链路自适应技术密切相关。调度与链路自适应通常被视为一个联合功能。调度的原则，以及在用户间共享资源基于无线接口特征而不同，例如考虑是上行链路还是下行链路，以及不同用户的传输是否相互正交。

基本思想是对于某一块资源，选择信道传输条件最好的用户进行调度，从而使系统吞吐量最大化。如图 5 – 17 所示。

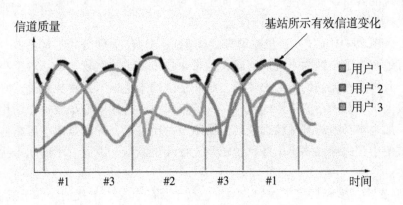

图 5 – 17 信道调度

在下行链路，在一个小区内对不同终端的传输通常是相互正交的，这意味着至少在理论上传输间不存在干扰（无小区内干扰）。下行链路的小区内正交性可以分别在时域（时分复用，TDM）、频域（频分复用，FDM）、码域（码分复用，CDM）获得。另外，空域（空分复用，SDM）也可以用于区分用户，这至少可以通过采用不同天线排列以准正交的方式实现，这时被称为空分复用，但大多数情况下它与上述复用方式中的一种或几种结合。

调度方式如下：

（1）基于时间的轮循方式。每个用户被顺序的服务，得到同样的平均分配时间，但每个用户由于所处环境的不同，得到的流量并不一致。

（2）基于流量的轮循方式。每个用户不管其所处环境的差异，按照一定的顺序进行服务，保证每个用户得到的流量相同。

（3）最大 C/I 方式。系统跟踪每个用户的无线信道衰落特征，依据无线信道 C/I 的大小顺序，确定给每个用户的优先权，保证每一时刻服务的用户获得的 C/I 都是最大的。

（4）部分公平方式。

综合了以上几种调度方式，既照顾到大部分用户的满意度，也能从一定程度上保证比较高的系统吞吐量，是一种实用的调度方法。

调度也一样可用于上行链路传输，尽管二者之间存在某些差异，但它们在很大程度上基于相同的原理。

六、认识小区间干扰抑制与协调

蜂窝移动通信系统提供的数据率在小区中心和小区边缘有很大的差异，不仅影响了整个系统的容量，而且使用户在不同位置的服务质量有很大的波动。小区间干扰是蜂窝移动通信系统中的一个固有问题。

LTE 采用 OFDMA 技术，依靠频率之间的正交性作为区分用户的方式，比 CDMA 技术更好地解决了小区内干扰的问题，但带来的 ICI 问题比较严重。对于小区中心用户来说，其本身离基站的距离比较近，而外小区的干扰信号距离比较远，则其信噪比相对比较大；但对于小区边缘的用户，由于相邻小区占用同样载波资源的用户对其干扰较大，加之本身距离基站较远，其信噪比相对比较小，导致虽然小区整体的吞吐量较高，致使小区边缘的用户服务质量较差，吞吐量较低。因此，小区间干扰抑制技术非常重要。

3GPP 提出了多种解决干扰的方案，包括干扰随机化、干扰消除和干扰协调技术。其中，干扰随机化利用干扰的统计特性对干扰进行抑制，误差较大。干扰消除技术可以明显改善小区边缘的系统性能，获得较高的频谱效率。但是它对带宽较小的业务不太适用，系统实现比较复杂。干扰协调技术最为简单，能很好地抑制干扰，可以应用于各种带宽的业务。

小区间干扰协调的基本思想：以小区间协调的方式对资源的使用进行限制，包括限制哪些时频资源可用，或者在一定的时频资源上限制其发射功率。

1. 静态的小区间干扰协调

这种干扰协调不需要标准支持，频率资源协调/功率资源协调。如图 5 - 18 所示。

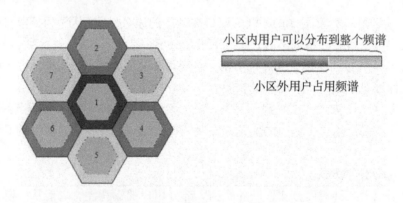

图 5 - 18 静态的小区间干扰协调

2. 半静态小区间干扰协调

这需要小区间交换信息，比如资源使用信息。

目前 LTE 已经确定，可以在 X2 接口交换 PRB 的使用信息进行频率资源的小区间干扰协调（上行），即告知哪个 PRB 被分配给小区边缘用户，以及哪些 PRB 对小区间干扰比较敏感。同时，小区之间可以在 X2 接口上交换过载指示信息（Overload Indicator，OI），用来进行小区间的上行功率控制。功能资源协调如图 5 - 19 所示。

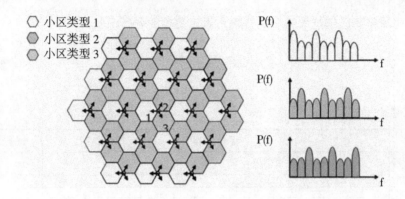

图 5 - 19　功率资源协调

七、认识高阶调制技术

LTE 系统上下行均支持以下三种数字调制方式：QPSK、16QAM、64QAM。通过高阶调制，一个调制符可以传送更多的信息比特。理论上，高阶 16QAM 和 64QAM 的信息速率分别是低阶调制 QPSK 的 2 倍和 3 倍。在带宽资源固定的情况下，利用高阶调制技术是提高数据速率和提高带宽利用率的有效手段之一。但高阶星座图的可靠性比低阶的要差。

【任务实施】

一、认识多址技术

1. 任务分析

多址技术是把处于不同地点的多个用户接入一个公共传输媒质，实现各用户之间通信的技术，在移动通信中起着非常重要的作用，移动通信常用的多址技术包括 FDMA、TDMA、CDMA、SDMA。

2. 任务训练

通过知识准备内容的学习，学会查找相关资料，对不同的多址技术进行分析，说明不同的地方，并对 OFDMA 有更深刻的认识。

3. 任务记录

（1）比较 OFDMA 与 SC-FDMA，完成下列问题。

OFDMA：信号功率峰均比较（　　）→功放效率较（　　）→电池效率较（　　）→不适合终端 UE。

SC-FDMA：信号峰均比较（　　）→功放效率较（　　）→电池寿命较（　　）→（　　）终端 UE。

（2）比较移动通信技术的多址技术，做出简单的分析说明。

4．任务评价

评价项目	评价内容	分值	得分
实训态度	1. 积极参加技能实训操作	10	
	2. 按照安全操作流程进行操作	10	
	3. 遵守纪律	10	
实训过程	1. 能说出 LTE 的关键技术	10	
	2. 能说出 OFDM 的概念；区分 LTE 上行、下行的多址方式	10	
实训报告	报告分析、实训记录	50	
合计		100	

5．思考练习

（1）LTE 上行为什么未采用 OFDMA 技术？（　　）

A. 峰均比过高　　　B. 实现复杂　　　C. 不支持 16QAM　　D. 速率慢

（2）以下哪个选项不是 OFDM 系统的优点？（　　）

A. 较好抵抗多径干扰　　　　　　　B. 较低的频域均衡处理复杂度

C. 灵活的频域资源分配　　　　　　D. 较低的峰均比

（3）SC-FDMA 与 OFDM 相比，（　　）。

A. 能够提高频谱效率　　　　　　　B. 能够简化系统实现

C. 没区别　　　　　　　　　　　　D. 能够降低峰均比

二、认识多输入、多输出技术

1．任务分析

MIMO 是 LTE 关键技术之一，无线通信系统中通常采用单输入单输出、多输入单输出、单输入多输出和多输入多输出传输模型。

2．任务训练

通过知识准备内容的学习，学会查找相关资料，对不同的传输模型进行分析说明，并对 MIMO 的应用场景有更多的认识。

3. 任务记录

写出 MIMO 的 8 种传输模式的应用场景。

下行 MIMO 模式		应用场景
TM1	单天线传输	
TM2	发射分集	
TM3	开环空间复用	
TM4	闭环空间复用	
TM5	多用户 MIMO	
TM6	单层闭环空间复用	
TM7	单流波束赋形	
TM8	双流波束赋形	

4. 任务评价

评价项目	评价内容	分值	得分
实训态度	1. 积极参加技能实训操作	10	
	2. 按照安全操作流程进行操作	10	
	3. 遵守纪律	10	
实训过程	1. 能描述 MIMO 的基本原理以及传输模式	10	
	2. 能叙述链路自适应技术、HARQ、信道调度等技术的基本原理	10	
实训报告	报告分析、实训记录	50	
合计		100	

5. 思考练习

（1）关于 MIMO，以下说法正确的是（　　　　）。

A. 空间复用可以提升小区吞吐率和峰值速率

B. 空间复用在小区中心区域

C. 上行使用虚拟 MIMO

D. 空间分集可以增加覆盖和吞吐率

（2）影响小区平均吞吐率的因素是（　　　　）。

A. 系统带宽　　　　　　　　　　B. 数据信道可用带宽

C. 邻区负载　　　　　　　　　　D. 本小区负载

（3）关于 LTE 下行 MIMO，以下说法正确的是（　　）。

A. 只支持发送分集
B. 支持发送分集和空间复用
C. 不支持单天线发送
D. 支持单天线发送

（4）小区间干扰抑制技术主要包括（　　）。

A. 小区间干扰随机化
B. 小区间干扰消除
C. 小区间干扰协调
D. 小区间干扰平均

（5）室内分布场景会用到下列哪几种 MIMO 模式？（　　）

A. TM1
B. TM2
C. TM3
D. TM7

学习任务 2　FDD-LTE 综合配置

【学习目标】

1. 能表述 LTE 网络拓扑结构；说出 BBU BS8200 设备结构和功能；正确连接 eBBU 与 eRRU 之间的链路
2. 独立完成 LTE 基站 eNodeB 的本地配置
3. 通过简单的规划网络参数，完成 LTE 基站 eNodeB 的后台网管配置
4. 在后台网管配置完成后，获得软件的加载、数据的整表同步的方法
5. 可以判断及验证配置的结果是否正确
6. 阅读能力、表达能力以及职业素养有一定的提高

【知识准备】

一、硬件平台搭建

1. 调用初始数据

点击拓扑窗口下数据恢复的图标，选择 Data recovery，选择 Blank. ztl 空白文件进行恢复，进行初始化。

2. 搭建网络拓扑

把核心网各网元拖动到相应位置，后自动生成路由，在今后的配置中有重要作用。网元的拖动位置可以改变路由，后面的配置参数也会随着改变。

3. eNodeB 虚拟机房配置

在 Virtual eNodeB 窗口下，在 Rack2 的位置完成机架、机框及单板的布局。然后回到拓扑窗口下把 Rack2 拖动到 eNodeB 1 上。最后把 eNodeB 1 拖动到 "ZTE University Site" 站点位置。至此完成拓扑图窗口的配置。

接着完成保护地线、电源线、高速线、传输线以及馈线的连接。连接完毕表明硬件及连线部分全部完成。

二、LMT 配置

1. 机房电脑上 LMT 网线连接

点击 CC 板，在出现的画面，选择缆线（transmission cable），选择 Line2、portA，连接到 DEBU/CAS/LMT 网线插口。然后鼠标移动到机房最下方的箭头位置处，点击

电脑桌旁边的红色箭头，进入 LMT 电脑画面。点击键盘处的向下红色箭头，选择缆线（transmission cable），再选择 Ethernet Cable，line 2 Port B 插入电脑的网口。

2. 进入虚拟 LMT 后台

（1）修改虚拟后台电脑的 IP 地址。

点击电脑桌面上的向左红色箭头，进入 LMT 后台。单击电脑桌面的网络连接图标（Shortcut to Local Area Connection）进行 IP 地址修改，将 IP 地址设置为 192.254.1.×（×不能为 16），用于与 CC 单板的 IP 地址 192.254.1.16 进行对接，因此要与 192.254.1.16 配置在同一网段。

（2）登录 LMT。

登录信息如下：

User Named：root

Password：空

eNodeB IP：192.254.1.16

3. LMT 参数配置

（1）GE parameter 全局参数配置。

在 Transmission resource management 中，点击 Ip bearing configuration 节点展开后双击 GE parameter，在右面界面点击右键 ADD 添加 GE parameter，参数按照默认即可，点击 OK 后创建成功。

（2）Global port parameter 端口参数配置。

在 Transmission resource management 中，点击 Ip bearing configuration 节点展开后，双击 Global port parameter，在右面界面点击右键添加。

注意查看 eNodeB 侧连接 EMS 的 VLAN 号，应该是 100，其他参数默认。

（3）IP 参数配置。

点击 Ip bearing configuration 节点展开后，双击 IP Parameter。在右面界面点击右键添加。

关键参数如下：

IP Address：20.20.100.10

Subnet Mask：255.255.255.0

Gateway Address：20.20.100.1

（4）静态路由配置。

点击 Ip bearing configuration 节点展开后，双击 Static Route。在右面界面点击右键添加。

关键参数如下：

Network Destination：10.192.40.50

Subnet Mask：255. 255. 255. 255

Next Hop Gateway Address：20. 20. 100. 1

（5）OMC 参数。

点击 Ip bearing configuration 节点展开后，双击 OMC Parameter。在右面界面点击右键添加。

关键参数如下：

NODEB IP operation and maintaince：20. 20. 100. 10

OMCB Server IP：10. 192. 40. 50

三、OMC 虚拟后台配置

1. 进入 OMC 虚拟后台

（1）打开 Virtual OMC 并登录。

打开 Virtual OMC 虚拟后台，双击 NetNumen Client 图标进入登录界面。无需输入密码，直接点 OK 登录进入虚拟后台界面。

（2）创建 NE。

右键点击 NE Tree，即 EMS Server 10. 11. 162. 140，在弹出来的窗口填写如下关键参数。

Name：omm

Time zone：（GMT + 08：00）Beijing

IP address：10. 192. 40. 50

点击 OK，名为 omm 的 NE 就创建好了。然后点击 omm，右键 NE Management 下的 start NE Management 来启动网元，点击 omm，右键 NE Management 下的 Configuration Management 进入配置界面。

（3）创建子网。

在 Configuration Management 界面下，点击资源树 100001，右键创建子网 SubNetwork。创建子网关键参数如下：

Alias：0

SubNetwork ID：0

（4）创建基站。

右击子网 0&0，选择菜单 Creat→Base Station。

关键参数如下：

UserLable：test

Managed Element Type：ZXSDR BS8800 L200

Managed Element IP Address：20. 20. 100. 10

（5）申请权限。

点击基站名 test，右键 Apply Mutex Right，然后点击 yes 申请互斥权限。

基站 test 旁边出现绿色小锁头即为成功申请互斥权限。

2. 平台设备资源配置

（1）平台设备资源配置。

双击 Platform Equipment Resource，然后在弹出的窗口左上角点击窗口的加号。平台设备资源配置关键参数如下：

Station Type：ZXSDR BS8800 L200

Radio Mode：勾选 PLAT 与 LTE-FDD

Transmission Medium：勾选 FE 与 GE 两种

（2）TANK 配置。

在 Platform Physical Resource 下面找到 Tank，双击，然后在弹出的窗口左上角点击窗口的加号来增加 tank。

关键参数如下：

Tank Type：ZXSDR BS8800

此步骤配好后，Rank 里面也有了 eBBU 部分的板卡。

（3）RACK 配置。

在 Platform Physical Resource 下面找到 Rank，双击，然后在弹出的窗口上面点击窗口 ▦ 的来增加 Rank 里面的板卡。（注意：添加单板要与虚拟机房完全一致。）

点击左下角的槽位增加 SA 板卡。Workmode：Load sharing。

点击右上角的槽位增加 BPL 板卡。Workmode：Load sharing。Radio mode：LTE-FDD。

增加 SDR 机架。点 RACK → 点右上角增加 → 添加 → 选择 LTE FDD RU RSU82L268，注意 Rack ID 与 Rack No 都改为 2。

点击窗口的 ▦ 来增加 Rank 里面的 RSU。在 1、3、5 槽位分别添加，Work Mode 选择 Load Sharing，Radio Mode 选择 LTE-FDD 模式即可创建。

（4）供电关系。

在 Platform Physical Resource 下面找到 Board Power Supplying Relation，双击，然后在弹出的窗口左上角点击窗口的加号。

关键参数如下：

PM Board：PM（1，1，14）

Supported Board：BPL（1，1，8）

（5）光纤端口配置。

在 Platform Physical Resource 下面找到 Optical Fiber Port，双击，然后在弹出的窗

口左上角点击窗口的 。

关键参数如下：

Fiber Speed Type：2G

Max Carrier Number on the Port in Radio Mode：双击右边的参数对话框（9 个 0 的对话框），把 LTE-FDD 对应的值改为大于 0 的数目，推荐改为 4。此处为 FDD 模式下的载波数。然后保存数据。

（6）拓扑配置。

在 Platform Physical Resource 下面找到 Topo，双击，然后在弹出的窗口左上角点击窗口的加号进行添加，依次添加三个。拓扑配置关键参数如表 5 - 3 所示。

表 5 - 3　拓扑配置关键参数

参数	配置值		
Topo Configuration ID	1	2	3
Optical Port ID	0	1	2
Used Board	BPL（1，1，8）	BPL（1，1，8）	BPL（1，1，8）
Used Child Board	TRMFZ-L（2，1，1）	TRMFZ-L（4，1，1）	TRMFZ-L（6，1，1）

3. 平台传输资源配置

（1）以太网参数配置。

找到 Platform Transmission Resource → Physical Bear → Ethernet Parameters，双击 Ethernet Parameters，然后在弹出的窗口左上角点击窗口的加号进行添加，依次添加 3 个。

Uesd Board 配置为：CC16（1，1，1）。

（2）全局端口参数。

找到 Platform Transmission Resource→Link Protocol→Global Port Parameters，双击 Global Port Parameters，然后在弹出的窗口左上角点击窗口的加号进行添加，依次添加 2 个。全局端口配置关键参数如表 5 - 4 所示。

5 - 4　全局端口配置关键参数

参数	FOR EMS	FOR MME & SGW
Global Port Parameters Configuration ID	1	2
Global Port ID	1	2
Used Board	CC（1，1，1）	CC（1，1，1）
VLAN ID	100	60

（3）IP 带宽资源组配置。

找到 Platform Transmission Resource→Link Protocol→IP Bandwidth Resource Group，双击 IP Bandwidth Resource Group，然后在弹出的窗口左上角点击窗口的加号进行添加，依次添加 2 个。2P 带宽资源组关键参数如表 5 - 5 所示。

表 5 - 5　2P 带宽资源组关键参数

参数	FOR EMS	FOR MME & SGW
OMM IP Bandwidth Group Configuration ID	1	2
IP Bandwidth Group Sequence Number	0	1
Group ID	0	1
Used Board	CC (1, 1, 1)	CC (1, 1, 1)
Physical Resource ID	0	1
Global Port ID	GBPORT = 1	GBPORT = 2

（4）IP 参数。

找到 Platform Transmission Resource → IP Transmission → IP Parameters，双击 IP Parameters，然后在弹出的窗口左上角点击窗口的加号进行添加，依次添加 2 个。2P 参数配置如表 5 - 6 所示。

表 5 - 6　2P 参数配置

参数	FOR EMS	FOR MME & SGW
IP Parameters Configuration ID	1	2
IP ID Sequence Number	0	1
IP Address	20. 20. 100. 10	20. 20. 60. 10
IPv4 Mask	255. 255. 255. 0	255. 255. 255. 0
Gateway IP	20. 20. 100. 1	20. 20. 10060. 1
Radio Mode	LTE-FDD	LTE-FDD
Used Global Port	GBPORT = 1	GBPORT = 2

（5）IP 带宽配置。

找到 Platform Transmission Resource → Link Protocol → IP Bandwidth，双击 IP Bandwidth，然后在弹出的窗口左上角点击窗口的加号进行添加，依次添加 2 个。2P 带宽配置关键参数如表 5 - 7 所示。

表 5 - 7　2P 带宽配置关键参数

参数	配置值	
IP Bandwidth Configuration ID	1	2
IP Bandwidth Resource Sequence Number	0	1
Resource ID	0	1
Used IP Parameters	IPPARA = 1	IPPARA = 2
Radio Mode	LTE-FDD	LTE-FDD
Used IP Bandwidth Group	IPPBGRP = 1	IPPBGRP = 2

（6）静态路由。

找到 Platform Transmission Resource→IP Transmission →Static Route，双击 Static Route，然后在弹出的 Static Route 窗口左上角点击窗口的加号进行添加，依次添加 3 条。静态路由配置关键参数如表 5 - 8 所示。

表 5 - 8　静态路由配置关键参数

参数	FOR EMS	FOR MME	FOR XWG
Static Route Configuration ID	1	2	3
Destination Network	10. 192. 40. 50	10. 192. 30. 110	10. 192. 10. 100
Mask	255. 255. 255. 255	255. 255. 255. 255	255. 255. 255. 255
Next Hop IP	20. 20. 100. 1	20. 20. 60. 1	20. 20. 60. 1
Used Global Port	GBPORT = 1	GBPORT = 2	GBPORT = 2

（7）配置 SCTP。

找到 Platform Transmission Resource→Upper Protocol→SCTP，双击 SCTP，然后在弹出的 SCTP 窗口左上角点击窗口的加号进行添加。SCTP 配置关键数如下：

In Board：CC16 （1，1，1，）

Used IP：IPPARA = 2

Local Port：60

Remote Port：1060

Remote IP Address 1：10. 192. 30. 110

（8）OMCB 参数配置。

找到 Platform Transmission Resource→Upper Protocol→OMCB Configuration，双击 OMCB Configuration，然后在弹出的窗口左上角点击窗口的加号进行添加。完成后链路建立。

关键参数：

In Board：CC16（1，1，1，）

OMCB Type：SIGIP

NodeB Operation and Maintenance IP：20. 20. 100. 10

OMCB Server IP：10. 192. 40. 50

Mask：255. 255. 255. 255

OMCB Gateway IP：10. 192. 40. 1

4．ENODEB 设备资源配置

（1）eNodeB Attribute。

找到 eNodeB Equipment Resource→eNodeB Attribute，双击 eNodeB Attribute，然后在弹出的窗口左上角点击窗口的加号进行添加。参数按照默认即可，点击 OK 键进行创建。

（2）eNodeB 全局参数配置。

找到 Global Parameters of eNodeB 并双击，然后在弹出的窗口左上角点击窗口的加号进行添加。参数按照默认即可，点击 OK 键进行创建。

（3）小区配置。

找到 Global Parameters of eNodeB→Serving Cell，双击 Serving Cell，然后在弹出的窗口左上角点击窗口的加号进行添加，依次添加 3 个服务小区。小区配置关键参数如表 5 -9 所示。

表 5 -9　小区配置关键参数

参数	第 1 CELL	第 2 CELL	第 3 CELL
Serving Cell 窗口：			
Tracking Area Code	171	171	171
Physical Cell ID	0	1	2
Uplink Center Carrier Frequency （UnitsMHZ）	2550	2550	2550
Downlink Center Carrier Frequency （UnitsMHZ）	2635	2635	2635
Baseband Configuration 窗口：			
Topology ID	Topo = 1	Topo = 2	Topo = 3
Used BPL	BPL （1，1，8）	BPL （1，1，8）	BPL （1，1，8）
BPL Port	0	1	2

四、软件加载、整表同步

1. 数据同步

右键点击 eNodeB 右键→点击 Synchronize→勾选 LTD-FDD 模式，填好验证码，把数据同步到设备侧。

2. 软件版本管理

右键点击网元 omm 右键→点击 Base Station Version Management，在弹出的 Base Station Version Management 窗口下进行操作。

（1）创建。

点击 Creat Version Packages 浮窗→点击 Creat。创建三个基站版本信息，分别是：

LTE-FDD-SW-B8200-L200-V2. 10. 105e. 9bit. pkg。

PLAT-SW-B8200-L200-V2. 10. 105e. dualctrl. pkg。

PLAT-FW-B8200-L200-V2. 10. 105e. singlectrl. pkg。

依次选择上面 3 个，分别命名为 1、2、3。

（2）下载。

在 Base Station Version Management 窗口下，点击 Download 浮窗，进入下载窗口。在此窗口下把所有的勾选框都勾选上，就能把上面建立的三个软件及固件同时下载到设备 eNodeB 里。点击 Next，在弹出的确认对话框下，点击 Yes 进行下载。

（3）激活。

在 Base Station Version Management 窗口下，点击 Activate 浮窗，进入激活窗口。点击 Activate，勾选所有的勾选框，进行激活。固件激活 Firmware Active 同理。注意需要全部选项都勾选上。

五、脚本验证

双击 Virtual OMC 窗口下的 Mobile Broadband。在弹出的 select ant No 窗口下选择天线 α，点击 OK，进入 Mobile Broadband 窗口下，如果右边天线图标下面有 4G 信号，再点击电源图标按钮。左边窗口有数据速率，意味着业务验证成功，配置数据正确。

【任务实施】

一、FDD-LTE 仿真软件数据配置

1. 任务分析

根据任务 1 拓扑结构里面显示的 eNodeB1 的 IP 和 OMC 的 IP，按照前文的步骤填写好路由以及相关的参数，配置好 LMT 里面的相关参数。

简单规划好网络参数，进行数据配置，并验证结果。FDD-LTE 配置流程如图 5-20 所示。

图 5-20　FDD-LTE 配置流程

2. 任务训练

按照上面的步骤完成软件的加载，并完成数据的整表同步。遇到故障自己尝试解决。根据任务 1 拓扑结构里面显示的网元 IP，按照上面的步骤进行 OMC 虚拟后台的配置。

3. 任务记录

1. 网络规划，在下表记录关键对接参数及网元 IP 参数。

关键对接参数	参数取值
MCC	
MNC	
TA	
关键 IP 参数	参数取值
XGW Service IP	
Ftp server IP	
1588 Clock server IP	
MME IP	
EMS & OMM IP	
EMS & OMM Gateway IP	

（2）硬件安装，参照备注把关键参数填在下方表格"取值"一栏中。

关键参数	取值	备注
基站编号		eNodeB1/ eNodeB2
基站型号		BS8700/BS8800/BS8900A/BS8906
eBBU 位置		Rack1/2/3/4
eBBU 安装方式		挂墙架，机柜（举例）
eRRU		近端/远端

（3）基站开通数据配置，在下表记录关键参数。

Global Port Parameter	VLAN ID	
IP Parameter	IP Address （IP 地址）	
	Subnet Mask （子网掩码）	
	Gateway Address （网关地址）	
Static Route Parameter	Network Destination	
	Subnet Mask	
	Next Hop Gateway Address	
OMC Parameter	NodeB IP operation and maintenance	
	OMCB server IP	

4. 任务评价

评价项目	评价内容	分值	得分
实训态度	1. 积极参加技能实训操作	10	
	2. 按照安全操作流程进行操作	10	
	3. 遵守纪律	10	
实训过程	1. 能表述 LTE 网络拓扑结构；说出 BBU BS8200 设备结构和功能；正确连接 BBU 与 RRU 之间的链路	10	
	2. 独立完成 LTE 基站 eNodeB 的本地配置	10	
	3. 通过简单的规划网络参数，完成 LTE 基站 eNodeB 的后台网管配置	10	
	4. 在后台网管配置完成后，获得软件的加载、数据的整表同步的方法	10	
实训报告	报告分析、实训记录	30	
合计		100	

5. 思考练习

（1）任务记录里面的静态路由是从哪个 IP 到哪个网元的？如果此静态路由配置错误会有什么影响？

（2）如果这些路由配置错误，会有什么故障呈现？

（3）同步数据时选择 LTE-TDD 的模式，会有什么影响。

（4）在配置静态路由时，配置了多少条路由？

二、FDD-LTE 数据故障维护

1．任务分析

通过在调试过程中对出现的问题进行分析，排除故障。

2．任务训练

对提供的一份有故障的数据，进行恢复数据并完成两大类型的故障排除：软调故障和硬件故障。在仿真软件上把故障排除，使 UE 的业务恢复正常。

3．任务记录

（1）软调故障处理单。

故障现象：
UE 搜索不到 4G 信号，拨号不成功。
故障原因分析：
故障处理过程：

（2）硬件故障排除。

请根据下表中的故障现象描述，写出该故障分析；最后根据所做故障分析写出解决该故障的处理方法和步骤。

故障现象 1：	故障现象 2：
在 EMS 网管中观察基站跟 OMC 网管建链不成功。	基带射频资源配置错误，导致手机搜索不到 4G 信号。
故障分析：	故障分析：

故障处理：	故障处理：

4. 任务评价

评价项目	评价内容	分值	得分
实训态度	1. 积极参加技能实训操作	10	
	2. 按照安全操作流程进行操作	10	
	3. 遵守纪律	10	
实训过程	故障排除	50	
实训报告	报告分析、实训记录	20	
合计		100	

5. 思考练习

（1）如果没有信号应该检查哪些参数？

（2）请把配错的参数以及它的取值描述清楚。

（3）错误的参数应该改为何值，才有 4G 信号？为什么要这样改？

参考文献

［1］Erik Dahlman，Stefan Parkvall，Johan Skold. 4G 移动通信技术权威指南 LTE 与 LTE-Advanced（第二版）［M］. 朱敏，堵久辉，缪庆育，佘锋译. 北京：人民邮电出版社，2015.

［2］中国通信建设集团设计院有限公司编著. LTE 组网与工程实践［M］. 北京：人民邮电出版社，2014.

［3］范波勇，杨学辉. LTE 移动通信技术［M］. 北京：人民邮电出版社，2015.

［4］许圳彬，王田甜，李寅. TD-LTE 移动通信技术. 中兴通讯 NC 教育管理中心.

［5］张宇等. LTE 4G 移动通信技术［M］. 长春：吉林大学出版社，2016.

［6］李雪等. LTE 基站建设与维护［M］. 北京：电子工业出版社，2017.

［7］易著梁，黄继文，陈玉胜，等. 4G 移动通信技术与应用［M］. 北京：人民邮电出版社，2017.

［8］魏红编著. 移动基站设备与维护（第2版）［M］. 北京：人民邮电出版社，2016.

［9］Afif Osseiran，Jose F. Monserrat，Patrick Marsch. 5G 移动无线通信技术［M］. 陈明，缪庆育，刘愔译. 北京：人民邮电出版社，2017.

［10］Jonathan Rodriguez. 5G：开启移动网络新时代［M］. 江甲沭，韩秉君，沈霞，朱浩等译. 北京：电子工业出版社，2016.